建筑安装工程施工工艺标准系列丛书

建筑智能化工程施工工艺

山西建设投资集团有限公司　组织编写
张太清　梁　波　主编

中国建筑工业出版社

图书在版编目(CIP)数据

建筑智能化工程施工工艺/山西建设投资集团有限公司组织编写. —北京：中国建筑工业出版社，2018.12（2023.8重印）
（建筑安装工程施工工艺标准系列丛书）
ISBN 978-7-112-22867-6

Ⅰ.①建… Ⅱ.①山… Ⅲ.①智能建筑-工程施工 Ⅳ.①TU243

中国版本图书馆 CIP 数据核字(2018)第 242786 号

本书是《建筑安装工程施工工艺标准系列丛书》之一。该标准经广泛调查研究，认真总结工程实践经验，参考有关国家、行业及地方标准规范修订而成。

该书编制过程中主要参考了《建筑工程施工质量验收统一标准》GB 50300—2013、《智能建筑工程质量验收规范》GB 50339—2016、《智能建筑工程施工规范》GB 50606—2010、《建筑电气工程施工质量验收规范》GB 50303—2015 等标准规范。每项标准按引用标准、术语、施工准备、操作工艺、质量标准、成品保护、注意事项、质量记录八个方面进行编写。

本书可作为智能建筑工程施工生产操作的技术依据，也可作为编制施工方案和技术交底的蓝本。在实施工艺标准过程中，若国家标准或行业标准有更新版本时，应按国家或行业现行标准执行。

责任编辑：张　磊
责任校对：芦欣甜

建筑安装工程施工工艺标准系列丛书
建筑智能化工程施工工艺
山西建设投资集团有限公司　组织编写
张太清　梁　波　主编
*
中国建筑工业出版社出版、发行（北京海淀三里河路9号）
各地新华书店、建筑书店经销
北京科地亚盟排版公司制版
北京凌奇印刷有限责任公司印刷
*
开本：787×960 毫米　1/16　印张：10　字数：173 千字
2019 年 3 月第一版　2023 年 8 月第五次印刷
定价：**38.00** 元
ISBN 978 - 7 - 112 - 22867 - 6
（32869）

发布令

为进一步提高山西建设投资集团有限公司的施工技术水平，保证工程质量和安全，规范施工工艺，由集团公司统一策划组织，系统内所有骨干企业共同参与编制，形成了新版《建筑安装工程施工工艺标准》（简称“施工工艺标准”）。

本施工工艺标准是集团公司各企业施工过程中操作工艺的高度凝练，也是多年来施工技术经验的总结和升华，更是集团实现“强基固本，精益求精”管理理念的重要举措。

本施工工艺标准经集团科技专家委员会专家审查通过，现予以发布，自2019年1月1日起执行，集团公司所有工程施工工艺均应严格执行本“施工工艺标准”。

山西建设投资集团有限公司

党委书记：

董事长：

2018年8月1日

丛书编委会

本书编委会

序

企业技术标准是企业发展的源泉，也是企业生产、经营、管理的技术依据。随着国家标准体系改革步伐日益加快，企业技术标准在市场竞争中会发挥越来越重要的作用，并将成为其进入市场参与竞争的通行证。

山西建设投资集团有限公司前身为山西建筑工程（集团）总公司，2017年经改制后更名为山西建设投资集团有限公司。集团公司自成立以来，十分重视企业标准化工作。20世纪70年代就曾编制了《建筑安装工程施工工艺标准》；2001年国家质量验收规范修订后，集团公司遵循“验评分离，强化验收，完善手段，过程控制”的十六字方针，于2004年编制出版了《建筑安装工程施工工艺标准》（土建、安装分册）；2007年组织修订出版了《地基与基础工程施工工艺标准》、《主体结构工程施工工艺标准》、《建筑装饰装修施工工艺标准》、《建筑屋面工程施工工艺标准》、《建筑电气工程施工工艺标准》、《通风与空调工程施工工艺标准》、《电梯与智能建筑工程施工工艺标准》、《建筑给水排水及采暖工程施工工艺标准》共8本标准。

为加强推动企业标准管理体系的实施和持续改进，充分发挥标准化工作在促进企业长远发展中的重要作用，集团公司在2004年版及2007年版的基础上，组织编制了新版的施工工艺标准，修订后的标准增加到18个分册，不仅增加了许多新的施工工艺，而且内容涵盖范围也更加广泛，不仅从多方面对企业施工活动做出了规范性指导，同时也是企业施工活动的重要依据和实施标准。

新版施工工艺标准是集团公司多年来实践经验的总结，凝结了若干代山西建投人的心血，是集团公司技术系统全体员工精心编制、认真总结的成果。在此，我代表集团公司对在本次编制过程中辛勤付出的编著者致以诚挚的谢意。本标准的出版，必将为集团工程标准化体系的建设起到重要推动作用。今后，我们要抓住契机，坚持不懈地开展技术标准体系研究。这既是企业提升管理水平和技术优势的重要载体，也是保证工程质量和安全的工具，更是提高企业经济效益和社会效益的手段。

在本标准编制过程中，得到了住建厅有关领导的大力支持，许多专家也对该标准进行了精心的审定，在此，对以上领导、专家以及编辑、出版人员所付出的辛勤劳动，表示衷心的感谢。

在实施本标准过程中，若有低于国家标准和行业标准之处，应按国家和行业现行标准规范执行。由于编者水平有限，本标准如有不妥之处，恳请大家提出宝贵意见，以便今后修订。

山西建设投资集团有限公司

总经理：

2018年8月1日

前　言

本书是山西建设投资集团有限公司《建筑安装工程施工工艺标准系列丛书》之一。该标准经广泛调查研究，认真总结工程实践经验，参考有关国家、行业及地方标准规范，在2007版基础上经广泛征求意见的修订而成。

该书编制过程中主要参考了《建筑工程施工质量验收统一标准》GB 50300—2013、《智能建筑工程质量验收规范》GB 50339—2016、《智能建筑工程施工规范》GB 50606—2010、《建筑电气工程施工质量验收规范》GB 50303—2015等标准规范。每项标准按引用标准、术语、施工准备、操作工艺、质量标准、成品保护、注意事项、质量记录八个方面进行编写。

本标准修订的主要内容是：

1. 增加了数字会议系统、信息发布系统。

2. 将原通信网络系统拆分为计算机网络系统、电话交换系统、卫星接收与有线电视系统、广播系统。

3. 对保留的各系统涉及的主要技术内容进行了补充、完善和必要的修改。

4. 视频监控系统和楼宇、医护对讲系统中增加了数字网络型设备的施工调试内容；停车场管理系统中增加了车牌识别设备的施工调试内容。

本书可作为智能建筑工程施工生产操作的技术依据，也可作为编制施工方案和技术交底的蓝本。在实施工艺标准过程中，若国家标准或行业标准有更新版本时，应按国家或行业现行标准执行。

本书在编制过程中，限于技术水平，有不妥之处，恳请提出宝贵意见，以便今后修订完善。随时可将意见反馈至山西建设投资集团总公司技术中心（太原市新建路9号，邮政编码030002）。

目　录

第1章　综合布线系统

本工艺标准适用于建筑智能化工程综合布线系统安装工程。

1　引用标准

《智能建筑工程施工规范》GB 50606—2010

《智能建筑工程质量验收规范》GB 50339—2013

《建筑工程施工质量验收统一标准》GB 50300—2013

《建筑电气工程施工质量验收规范》GB 50303—2015

《智能建筑设计标准》GB 50314—2015

《数据中心设计规范》GB 50174—2017

《综合布线系统工程设计规范》GB 50311—2016

《综合布线系统工程验收规范》GB 50312—2016

《数据中心基础设施施工及验收规范》GB 50462—2015

2　术语（略）

3　施工准备

3.1　作业条件

3.1.1　应编制综合布线工程施工方案，并经审核通过。

3.1.2　施工人员应经过理论培训与实际施工操作的培训。

3.1.3　结构工程中预留地槽、过墙管、孔洞的位置尺寸、数量均应符合设计规定。

3.1.4　交接间、设备间、工作区土建工程已全部竣工。房屋内装饰工程完工，地面、墙面平整、光洁，门的高度和宽度应不妨碍设备和器材的搬运，门锁和钥匙齐全。

3.1.5 设备间铺设活动地板时，板块铺设严密坚固，每平方米水平允许偏差不应大于2mm，地板支柱牢固，活动地板防静电措施的接地应符合设计和产品说明要求。

3.1.6 交接间、设备间提供可靠的施工电源和接地装置。

3.1.7 交接间、设备间的面积、环境温度、湿度均应符合设计要求和相关规定。

3.1.8 交接间、设备间应符合安全防火要求，预留孔洞采取防火措施，室内无危险物的堆放，消防器材齐全。

3.2 材料及机具

3.2.1 对绞电缆和光缆型号规格、程式、形式应符合设计的规定和购销合同的规定。电缆所附标志、标签内容应齐全、清晰。电缆外护套须完整无损，电缆应附有出厂质量检验合格证，并应附有本批量电缆的性能检验报告。

3.2.2 钢管（或电线管）型号规格，应符合设计要求，壁厚均匀，焊缝均匀，无劈裂，砂眼，棱刺和凹扁现象。除镀锌管外其他管材需预先除锈刷防腐漆（现浇混凝土内敷钢管，可不刷防腐漆，但应除锈）。镀锌管或刷过防腐漆的钢管外表完整无剥落现象，并有产品合格证。

3.2.3 金属线槽及其附件：应采用经过镀锌处理的定型产品。其型号规格应符合设计要求。线槽内外应光滑平整，无棱刺，不应有扭曲、翘边等变形现象，并应有产品合格证。

3.2.4 各种镀锌铁件表面处理和镀层应均匀完整，表面光洁，无脱落、气泡等缺陷。

3.2.5 接插件：各类跳线、接线排、信息插座、光纤插座等型号规格，数量应符合设计要求，其发射、接收标志明显，并应有产品合格证。

3.2.6 配线设备，电缆交接设备的型号规格应符合设计要求，光电缆交接设备的编排及标志名称应与设计相符。各类标志名称统一，标志位置正确、清晰。并应有产品合格证及相关技术文件资料。

3.2.7 电缆桥架、金属桥架的型号规格、数量应符合设计要求，金属桥架镀锌层不应有脱落损坏现象，桥架应平整、光滑、无棱刺，无扭曲、翘边、铁损变形现象，并应有产品合格证。

3.2.8 各种模块设备型号规格、数量应符合设计要求，并应有产品合格证。

3.2.9　交接箱、暗线箱型号规格、数量应符合设计要求，并应有产品合格证。

3.2.10　塑料线槽及其附件型号规格应符合设计要求，并选用相应的定型产品。其敷设场所的环境温度不得低于－15℃，其阻燃性能氧指数不应低于27%。线槽内外应光滑无棱刺，不应有扭曲、翘边等变形现象，并有产品合格证。

3.2.11　煨管器、液压煨管器、开孔器、压力案子、套丝机。

3.2.12　手锤、錾子、钢锯、扁锉、圆锉、活扳手、克丝钳、斜口钳、十字螺丝刀、一字螺丝刀、壁纸刀。

3.2.13　铅笔、皮尺、钢丝、水平尺、线坠、灰铲、灰桶、油桶、油刷、粉线袋等。

3.2.14　手电钻、电锤、水钻、钻头、拉铆枪、工具袋、工具箱、叉梯、压接工具、标签打印机等。

3.2.15　安全帽、安全带、强光手电、涂胶线手套等。

3.2.16　网络测试仪、万用表、测线器、摇表，光时域反射仪，光纤熔接机等。

4　操作工艺

4.1　工艺流程

器材检验 → 钢管、金属线槽敷设 → 盒、箱安装 → 设备安装 →

缆线敷设 → 缆线终端安装 → 系统测试 → 竣工验收

4.2　器材检验

4.2.1　施工前应对所用器材进行外观检验，检查其型号规格、数量、标志、标签、产品合格证、产品技术文件资料，有关器材的电气性能、机械性能、使用功能及有关特殊要求，应符合设计规定。

4.2.2　电缆电气性能抽样测试，应符合产品出厂检验要求及相关规范规定。

4.2.3　光纤特性测试应符合产品出厂检验要求及相关规范规定。

4.3　钢管、金属线槽安装

4.3.1　钢管敷设具体施工工艺，请按有关章节进行施工。

4.3.2　金属线槽敷设有关安装施工工艺，请按有关章节要求施工。

4.4 盒、箱安装

4.4.1 信息插座安装

1 安装在活动地板或地面上，应固定在接线盒内，插座面板有直立和水平等形式，接线盒盖可开启，并应严密防水、防尘。接线盒盖面应与地面平齐。

2 安装在墙体上，宜高出地面300mm，如地面采用活动地板时，应加上活动地板内净高尺寸。

3 信息插座底座的固定方法以施工现场条件而定，宜采用配套螺丝安装方式。

4 固定螺丝需拧紧，不应产生松动现象。

5 信息插座应有标签，以颜色、图形、文字表示所接终端设备类型。

6 安装位置应符合设计要求。

4.4.2 交接箱或暗线箱宜暗设在墙体内，预留墙洞安装，箱底高出地面宜为500～1000mm。

4.5 设备安装

4.5.1 机架安装要求

1 机架安装完毕后，水平、垂直度应符合厂家规定。如无厂家规定时，垂直度偏差不应大于3mm。

2 机架上的各种零件不得脱落或碰坏。漆面如有脱落应予以补漆，各种标志完整清晰。

3 机架的安装应牢固、应按设计图的防震要求进行加固。

4 安装机架面板、架前应留有1.5m空间、机架背面离墙距离应大于0.8m，以便于安装和施工。

5 壁挂式机柜底距地面宜为300～800mm。

4.5.2 配线设备机架安装要求

1 采用下走线方式、架底位置应与电缆上线孔相对应。

2 各直列垂直倾斜误差不应大于3mm，底座水平误差不应大于2mm。

3 接线端子各种标识应齐全。

4.5.3 各类接线模块安装要求

1 模块设备应完整无损，安装就位、标识齐全。

2 安装螺丝应拧牢固，面板应保持在一个水平面上。

4.5.4　接地要求

安装机架，配线设备及金属钢管、槽道、接地体，保护接地导线截面、颜色应符合设计要求，并保持良好的电气连接，压接处牢固可靠。

4.6　缆线敷设

4.6.1　缆线敷设一般应符合下列要求

1　缆线布放前应核对型号规格、程式、路由及位置与设计规定相符。

2　缆线的布放应平直、不得产生扭绞，打圈等现象，不应受到外力的挤压和损伤。

3　缆线在布放前两端应贴有标签，以表明起始和终端位置，标签标识应清晰，端正和正确。

4　电源线、信号电缆、对绞电缆、光缆及建筑物内其他弱电系统的缆线应分离布放。各缆线间的最小净距应符合设计要求。

5　缆线布放时应有冗余。在交接间，设备间对绞电缆预留长度，一般为 0.5～1.0m；工作区为 0.1～0.3m；光缆在设备端预留长度一般为 3～5m；有特殊要求的应按设计要求预留长度。

6　缆线的弯曲半径应符合下列规定：

1）非屏蔽 4 对对绞电缆的弯曲半径应至少为电缆外径的 4 倍。

2）屏蔽对绞电缆的弯曲半径应至少为电缆外径的 6～10 倍。

3）主干对绞电缆的弯曲半径应至少为电缆外径的 10 倍。

4）光缆的弯曲半径应至少为光缆外径的 15 倍，在施工过程中应至少为 20 倍。

7　缆线布放，在牵引过程中，吊挂缆线的支点相隔间距不应大于 1.5m。

8　布放缆线的牵引力，应小于缆线允许张力的 80%，对光缆瞬间最大牵引力不应超过光缆允许的张力。在以牵引方式敷设光缆时，主要牵引力应加在光缆的加强芯上。

9　缆线布放过程中为避免受力和扭曲，应制作合格的牵引端头。如果用机械牵引时，应根据缆线牵引的长度，布放环境，牵引张力等因素选用集中牵引或分散牵引等方式。

10　布放光缆时，光缆盘转动应与光缆布放同步，光缆牵引的速度一般为 15M/m。光缆出盘处要保持松弛的弧度，并留有缓冲的余量，又不宜过多，避免光缆出现背扣。

11 对绞电缆与电力电缆最小净距应符合表 1-1 规定，与其他管线最小净距应符合表 1-2 规定，与配电箱、变电室、电梯机房、空调机房之间最小净距应符合表 1-3 规定。

对绞电缆与电力线最小净距 **表 1-1**

条件	最小净距（mm）		
电力线缆规格	380V ＜2kV·A	380V 2～5kV·A	380V ＞5kV·A
对绞电缆与电力电缆平行敷设	130	300	600
有一方在接地的金属槽道或钢管中	70	150	300
双方均在接地的金属槽道或钢管中②	10①	80	150

注：① 当 380V 电力电缆＜2kV·A，双方都在接地的线槽中，且平行长度≤10m 时，最小间距可为 10mm。

② 双方都在接地的线槽中，系指两个不同的线槽，也可在同一线槽中用金属板隔开。

对绞电缆与其他管线最小净距 **表 1-2**

管线种类	平行净距（m）	垂直交叉净距（m）
避雷引下线	1.00	0.30
保护地线	0.05	0.02
热力管（不包封）	0.50	0.50
热力管（包封）	0.30	0.30
给水管	0.15	0.02
煤气管	0.30	0.02

综合布线电缆与其他机房最小净距 **表 1-3**

机房名称	最小净距（m）	机房名称	最小净距（m）
配电箱	1	电梯机房	2
变电室	2	空调机房	2

4.6.2 预埋线槽和暗管敷设缆线应符合下列规定

1 敷设管道的两端应有标志，表示出房号、序号和长度。

2 管道内应无阻挡，管口应无毛刺，并安置牵引线或拉线。

3 敷设暗管宜采用钢管或阻燃硬质（PVC）塑料管。布放双护套缆线和主干缆线时，直线管道的管径利用率应为 50%～60%，弯管道为 40%～50%，暗管布放 4 对对绞电缆时，管道的截面利用率应为 25%～30%。预埋线槽宜采用金属线槽，线槽的截面利用率不应超过 40%。

4　光缆与电缆同管敷设时，应在暗管内预置塑料子管，将光缆设在子管内，使光缆和电缆分开布放，子管的内径应为光缆外径的 1.5 倍。

4.6.3　设置电缆桥架和线槽敷设缆线应符合下列规定

1　电缆桥架宜高出地面 2.2m 以上，桥架顶部距顶棚或其他障碍物不应小于 100mm。桥架宽度不宜小于 100mm，桥架内横断面的填充率不应超过 50%。

2　电缆桥架内缆线垂直敷设时，在缆线的上端和每间隔 1.5m 处，应固定在桥架的支架上，水平敷设时，直线部分间隔距离在 3～5m 处设固定点。在缆线的距离首端、尾端、转弯中心点处 300～500mm 处设置固定点。

3　电缆线槽宜高出地面 2.2m。在吊顶内设置时、槽盖开启面应保持不小于 80mm 的垂直净空，线槽截面利用率不应超过 50%。

4　布放线槽缆线可以不绑扎，槽内缆线应顺直，尽量不交叉、缆线不应溢出线槽、在缆线进出线槽部位，转弯处应绑扎固定。垂直线槽布放缆线应每间隔 1.5m 处固定在缆线支架上。

5　在水平、垂直桥架和垂直线槽中敷设缆线时，应对缆线进行绑扎。4 对对绞电缆以 24 根为束，25 对或以上主干对绞电缆、光缆及其他信号电缆应根据缆线的类型、缆径、缆线芯数分束绑扎。绑扎间距不宜大于 1.5m，扣间距应均匀、松紧适度。

4.6.4　顶棚内敷设缆线时，应考虑防火要求缆线敷设应单独设置吊架，不得布放在顶棚吊架上，宜放置在金属线槽内布线。缆线护套应阻燃、缆线截面选用应符合设计要求。

4.6.5　在竖井内采用明配管、桥架、金属线槽等方式敷设缆线，并应符合以上有关条款要求。竖井内楼板孔洞周边应设置 50mm 的防水台，洞口用防火材料封堵严实。

4.7　缆线终端安装

4.7.1　缆线终端的一般要求

1　缆线在终端前，必须检查标签颜色和数字含义，并按顺序终端。

2　缆线中间不得产生接头现象。

3 缆线终端应符合设计和厂家安装手册要求。

4 对绞电缆与插接件连接应认准线号、线位色标，不得颠倒和错接。

4.7.2 对绞电缆芯线终端应符合下列要求

1 终端时，每对对绞线应尽量保持扭绞状态，非扭绞长度对于5类线不应大于13mm；6类线不大于10mm。

2 剥除护套均不得刮伤绝缘层，应使用专用工具剥除。

3 对绞电缆与RJ45信息插座的卡接端子连接时，应按先近后远，先下后上的顺序进行卡接。

4 对绞电缆与接线模块（IDC，RJ45）卡接时，应按设计和厂家规定进行操作。

5 屏蔽对绞电缆的屏蔽层与接插件终端处屏蔽罩可靠接触，缆线屏蔽层应与接插件屏蔽罩368圆周接触，接触长度不宜小于100mm。

6 对绞线在信息插座（RJ45）相连时，必须按色标和线对顺序进行卡接。插座类型，色标和编号应符合图1-1规定。T568A线序为：白绿 绿 白橙 蓝 白蓝 橙 白棕 棕，T568B线序为：白橙 橙 白绿 蓝 白蓝 绿 白棕 棕。

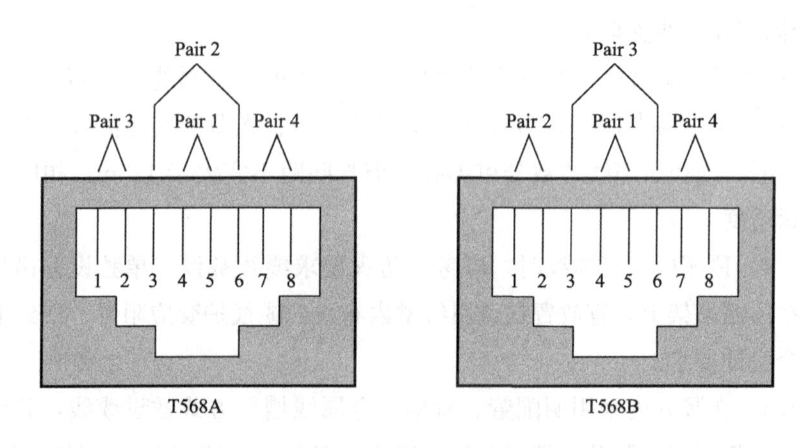

图1-1

4.7.3 光缆芯线终端应符合下列要求

1 采用光纤连接盒对光缆芯线接续、保护、光纤连接盒可为固定和抽屉二种方式。在连接盒中光纤应能得到足够的弯曲半径。

2 光纤融接或机械连接处应加以保护和固定，使用连接器以便于光纤的跳接。

3　连接盒面板应有标志。

4　跳线软纤的活动连接器在插入适配器之前应进行清洁，所插位置符合设计要求。

5　光纤接续损耗值，应符合表 1-4 的规定。

光纤接续损耗（dB）　**表 1-4**

光纤类别	多模		单模	
	平均值	最大值	平均值	最大值
融接	0.15	0.30	0.15	0.30
机械接续	0.15	0.30	0.20	0.30

4.7.4　各类跳线的端接

1　各类跳线缆线和插件间接触应良好，接线无误，标志齐全。跳线选用类型应符合系统设计要求。

2　各类跳线长度应符合设计要求，一般对绞电缆不应超过 5m，光缆不应超过 10m。

4.8　系统测试

4.8.1　综合布线系统工程系统调试，包括缆线、信息插座及接线模块的测试。各项测试应有详细记录，以作为竣工资料的一部分。有关电气性能测试记录格式如表 1-5 所示。

综合布线系统工程电气性能测试记录表　**表 1-5**

<table>
<tr><th rowspan="3">序号</th><th colspan="3" rowspan="2">编号</th><th colspan="7">内容</th><th>记录</th></tr>
<tr><th colspan="5">电缆系统</th><th colspan="2">光缆系统</th><th rowspan="2"></th></tr>
<tr><th>地址号</th><th>缆线号</th><th>设备号</th><th>长度</th><th>接线图</th><th>衰减</th><th>近端串扰</th><th>屏蔽电缆屏蔽层接续情况</th><th>衰减</th><th>反射</th></tr>
<tr><td>1</td><td colspan="3">测试日期</td><td></td><td></td><td></td><td></td><td></td><td></td><td></td><td></td></tr>
<tr><td>2</td><td colspan="3">测试人员</td><td></td><td></td><td></td><td></td><td></td><td></td><td></td><td></td></tr>
<tr><td>3</td><td colspan="3">测试仪表型号</td><td></td><td></td><td></td><td></td><td></td><td></td><td></td><td></td></tr>
<tr><td>4</td><td colspan="3">处理情况</td><td></td><td></td><td></td><td></td><td></td><td></td><td></td><td></td></tr>
</table>

4.8.2　电气性能测试仪表的精度应达到表 1-6 规定的要求。

电气性能测试仪表精度表　　表 1-6

序号	性能参数	1～100 兆赫（MHz）	
1	随机噪声最低值	65～15log(*f*/100)dB	注 1
2	剩余近端串扰（NEXT）	55～15log(*f*/100)dB	注 1
3	平衡输出信号	37～15log(*f*/100)dB	注 1
4	共模抑制	37～15log(*f*/100)dB	注 1
5	动态精确度	±0.75dB 注 1.2	—
6	长度精确度	±1m±4%	—
7	回损	15dB	—

注：1. 表中 *f* 表示频率，单位为 MHz，对表中计算值低于 75dB 时，第 1、2 项可以不测量；在低于 60dB，第 3、4、5 项可以不测量。
2. 以表中第 5 项内容，从 0～10dB 的近端串扰极限值优于至 60dB 时的值。

4.8.3 测试仪表应能测试 3 类、4 类、5 类、超 5 类、6 类对绞电缆。

4.8.4 测试仪表对于一个信息插座的电气性能测试时间宜在 20～50s 之间。

4.8.5 测试仪表应有输出端口，以将所有测试数据加以存贮，并随时输出至计算机和打印机进行维护管理。

4.8.6 电缆、光缆测试仪表应经过计量部门校验，并取得合格证后，方可在工程中使用。

4.8.7 测试程序如下：

由数据终端，语音终端开始检查，信息出口，水平缆线，楼层配线架，主配线架，垂直缆线，电脑机房，电话交换机房，经过全面的调试前检查确认无误时，然后对子系统逐一进行调试，各子系统经过调试检测符合规定允许开通时，再进行系统综合调试，经测试后传输速率等技术参数符合规定，便可交付使用。

4.9 综合布线系统工程竣工验收项目及内容见表 1-7 所示。

综合布线系统工程竣工验收项目及内容　　表 1-7

阶段	验收项目	验收内容	验收方式
一、施工前检查	1、环境要求	（1）土地施工情况：地面、墙面、门、电源插座及接地装置； （2）土建工艺：机房面积、预留孔洞； （3）施工电源； （4）地板铺设	施工前检查

续表

阶段	验收项目	验收内容	验收方式
一、施工前检查	2、器材检验	(1) 外观检查； (2) 型式、规格、数量； (3) 电缆电气性能测试； (4) 光纤特性测试	施工前检查
	3、安全、防火要求	(1) 消防器材； (2) 危险物的堆放； (3) 预留孔洞防火措施	施工前检查
二、设备安装	1、交接间、设备间、设备机柜、机架	(1) 规格、外观； (2) 安装垂直、水平度； (3) 油漆不得脱落； (4) 各种螺丝必须紧固； (5) 抗震加固措施； (6) 接地措施	随工检验
	2、配线部件及 8 位模块式通用插座	(1) 规格、位置、质量； (2) 各种螺丝必须拧紧； (3) 标志齐全； (4) 安装符合工艺要求； (5) 屏蔽层可靠连接	随工检验
三、电、光缆布放（楼内）	1、电缆桥架及线槽布放	(1) 安装位置正确； (2) 安装符合工艺要求； (3) 符合布放缆线工艺要求； (4) 接地	随工检验
	2、缆线暗敷（包括暗管、线槽、地板等方式）	(1) 缆线规格、路由、位置； (2) 符合布放缆线工艺要求； (3) 接地	隐蔽工程签证
四、电、光缆布放（楼间）	1、架空缆线	(1) 吊线规格、架设位置、装设规格； (2) 吊线垂度； (3) 缆线规格； (4) 卡、挂间隔； (5) 缆线的引入符合工艺要求；	随工检验
	2、管道缆线	(1) 使用管孔孔位； (2) 缆线规格； (3) 缆线走向； (4) 缆线的防护设施的设置质量；	隐蔽工程签证
	3、埋式缆线	(1) 缆线规格； (2) 敷设位置、深度； (3) 缆线的防护设施的设置质量； (4) 回土夯实质量	隐蔽工程签证

续表

阶段	验收项目	验收内容	验收方式
四、电、光缆布放（楼间）	4、隧道缆线	（1）缆线规格； （2）安装位置，路由； （3）土建设计符合工艺要求	隐蔽工程签证
	5、其他	（1）通信线路与其他设施的距离； （2）进线室安装、施工质量	随工检验或隐蔽工程签证
五、缆线终结	1、8位模块式通用插座	符合工艺要求	随工检验
	2、配线部位	符合工艺要求	
	3、光纤插座	符合工艺要求	
	4、各类跳线	符合工艺要求	
六、系统测试	1、工程电气性能测试	（1）连接图； （2）长度； （3）衰减； （4）近端串音（两端都应测试）； （5）设计中特殊规定的测试内容	竣工检验
	2、光纤特性测试	（1）衰减； （2）长度	竣工检验
七、工程总验收	1、竣工技术文件	清点、交接技术文件	竣工检验
	2、工程验收评价	考核工程质量，确认验收结果	

5 质量标准

5.1 保证项目

5.1.1 综合布线所使用的设备器件、盒、箱缆线、连接硬件等安装应符合相应产品厂家和国家有关规范的规定。

5.1.2 防雷、接地电阻值应符合设计要求，设备金属外壳及器件、缆线屏蔽接地线截面，色标应符合规范规定；接地端连接导体应牢固可靠。

5.1.3 综合布线系统的发射干扰波的电场强度限值要求应符合 EN55022 和 CSPR22 标准中的相关规定。

5.1.4 综合布线系统应能满足设计对数据系统和语音系统传输速率，传输标准等系统设计要求和规范规定。

检验方法：观察检查或使用仪器设备进行测试检验。

5.2 基本项目

5.2.1 综合布线系统设备间、交接间、缆线管线、金属线槽、各种器件、信息插座的安装应符合设计要求和规范规定。布局合理，排列整齐、缆线连接正确、压接牢固。

5.2.2 连接硬件符合设计要求、标记和色码清晰、性能标志设置正确。

5.2.3 电气及防护、接地、抗电磁干扰、防静电、防火、防毒、环境保护应符合规范规定。

检验方法：观察检查或使用仪器设备进行测试检验。

5.3 允许偏差项目

5.3.1 综合布线系统链路传输的最大衰减限值，包括两端的连接硬件、跳线和工作区连接电缆在内，应符合表1-8的规定。

最大衰减值表 **表1-8**

频率（MHz）	最大衰减值（dB）			
	A级	B级	C级	D级
0.1 1.0 4.0 10.0 16.0 20.0 31.25 62.5 100.0	16	5.5 5.8	3.7 4.6 10.7 14.0	2.5 4.8 7.5 9.4 10.5 13.1 18.4 23.2

注：要求将各点连成曲线后，测试的曲线全部应在标准曲线的限值范围之内。

5.3.2 综合布线系统任意两线对之间的近端串音衰减限值，包括两端的连接硬件、跳线和工作区连接电缆在内（但不包括设备连接器），应符合表1-9规定。

线对间最低近端串音衰减限值表 **表1-9**

频率（MHz）	最大衰减值（dB）			
	A级	B级	C级	D级
0.1	27	40		
1.0		25	39	54
4.0			29	45
10.0			23	39
16.0			19	36
20.0				35
31.25				32
62.5				27
100.0				24

5.3.3 综合布线系统中任一电缆接口处的回波损耗值，应符合表 1-10 的规定。

回波损耗值 表 1-10

频率（MHz）	最小回波损耗值	
	C级	D级
1≤f≤10	18	18
10≤f≤16	15	15
16≤f≤20		15
20≤f≤100		10

5.3.4 综合布线系统链路衰减与近端串音衰减的比率（ACR），应符合表 1-11 的规定。

链路衰减与近端串音衰减的比率（ACR） 表 1-11

频率（MHz）	最小 ACR 限值（dB）
	D级
0.1	—
1.0	—
4.0	40
10.0	35
16.0	30
20.0	28
31.25	23
62.5	13
100.0	4

5.3.5 综合布线系统的分级和传输距离限值应符合表 1-12 的规定：

分级和传输距离限值 表 1-12

系统分级	最高传输频率	对绞电缆传输距离（m）				光缆传输距离（m）	
		100Ω 3类	100Ω 4类	100Ω 5类	150Ω 4-100MHz	多模	单模
A	100kHz	2000	3000	3000	3000		
B	1MHz	200	260	260	400		
C	16MHz	100	150	160	250		
D	100MHz			100	150		
光缆	100MHz					2000	3000

5.3.6　综合布线系统光缆波长窗口的各项参数，应符合表1-13的规定。

光缆波长窗口参数　　**表1-13**

光纤模式，标称波长（nm）	下限（nm）	上限（nm）	基准试验波长（nm）	谱线最大宽度（nm）
多模	790	910	850	50
多模	1285	1330	1300	150
单模	1288	1339	1310	10
单模	1525	1575	1550	10

注：多模光纤：芯线标称直径为62.5/125μm或50/125μm；并应符合《通信用多模光纤系列》GB/T 12357规定的A1b或A1a光纤；850nm波长时最大衰减为3.5dB/km（20°C）；最小模式宽带为200MHz-km（20°C）；1300nm波长时最大衰减为1dB/km（20°C）；最小模式带宽为500MHz-km（20°C）。

5.3.7　综合布线系统的光缆，在满足设计参数的条件下，光纤链路可允许的最大传输距离，应符合表1-14的规定。

光纤链路允许最大传输距离表　　**表1-14**

光缆应用类别	链路长度（m）	多模衰减值（dB）		单模衰减值（dB）	
		850（nm）	1300（nm）	1310（nm）	1550（nm）
配线（水平）子系统	100	2.5	2.2	2.2	2.2
干线（垂直）子系统	500	3.8	2.6	2.7	2.7
建筑群子系统	1500	7.4	3.6	3.6	3.6

5.3.8　综合布线系统多模光纤链路的最小光学模式带宽，应符合表1-15的规定。

多模光纤链路的光学模式带宽表　　**表1-15**

标称波长（nm）	最小光学模式带宽表（MHz）
850	100
1300	250

5.3.9　综合布线系统光纤链路任一接口的光学反射衰减限值，应符合表1-16的规定。

光纤链路的光回波损耗值表　　表 1-16

光纤模式，标称波长（nm）	最小回波损耗值（dB）	光纤模式，标称波长（nm）	最小回波损耗值（dB）
多模 850	20	单模 1310	26
多模 1300	20	单模 1550	26

5.3.10 综合布线系统的缆线与设备之间的相互连接应注意阻抗匹配和平衡与不平衡的转换适配。特性阻抗的分类应符合 100Ω、150Ω 两类标准，其允许偏差值为±15Ω（适用于频率＞1MHz）。

6 成品保护

6.0.1 综合布线系统设备及缆线等安装时，不得损坏建筑物，并注意保持墙面的整洁。

6.0.2 设置在顶棚内的缆线、管槽安装等，不应损坏龙骨和顶棚。

6.0.3 补修浆活时，不得将设备及器件表面弄脏，地面线槽、信息插座应防止损坏或部件内进水。

6.0.4 使用高凳或搬运物件时，不得损坏或碰撞墙面和门窗等。

7 注意事项

7.1 应注意的质量问题

7.1.1 管道内或地面线槽阻塞或进水，影响布线，疏通管槽，清除水污后布线。

7.1.2 信息插座损坏，接触不良，检查修复。

7.1.3 缆线长度过长，信号衰减严重，按设计图进行检查，缆线长度应符合设计要求，调整信号频率，使其衰减符合设计和规范规定。

7.1.4 光纤连接器极性接反，信号无输出，将光纤连接器极性调整正确。

7.1.5 有信号干扰，检查消除干扰源，检查缆线的屏蔽导线是否接地，线槽内并排的导线是否加隔板屏蔽，电缆和光缆是否进行隔离处理，室内防静电地板是否良好接地等。

7.1.6 光缆传输系统传输衰减严重，检查陶瓷头或塑料头的连接器，每个连接点的衰减值是否大于规定值。

7.1.7 光缆数字传输系统的数字系列比特率不符合规范规定，检查数字接口是否符合设计规定。

7.1.8 设备间子系统接线错误，造成控制设备不能正常工作，检查色标按设计图修正接线错误。

7.1.9 雷击引起危险的过电压，过电流影响或损坏综合布线设备器件等，应选用气体放电管保护器进行过压保护，过流保护直选用能够自复的保护器，防止雷击必须同时采用过压、过流保护器。

7.2　应注意的安全问题

7.2.1 施工单位应健全安全防火制度，完善施工现场消防设施，消除火灾隐患，杜绝火灾发生。

7.2.2 操作人员现场施工时应穿工作服、防滑鞋、戴安全帽、手套等劳保用品。

7.2.3 楼梯口、电梯口、预留洞口、通道口应设有防护栏，沟、坑，槽和深基础周边、楼层周边、楼梯侧边、平台或阳台边、屋面周边应支设安全网。

7.2.4 高空作业应防止坠物伤人和坠落事故。

7.2.5 熔接光纤时，操作人员应佩戴专用防护眼镜。

7.3　应注意的绿色施工问题

7.3.1 施工现场的包装纸盒、塑料包装等废品以及时清理。

7.3.2 熔接光纤时，施工现场应采取防尘措施，避免已清洁过的光纤产生二次污染。严禁在多尘及潮湿的环境中露天操作，光缆接续部位及工具、材料应保持清洁，不得让光纤接头受潮，准备切割的光纤必须清洁，不得有污物。切割后光纤不得在空气中暴露时间过长尤其是在多尘潮湿的环境中。

7.3.3 施工现场的边角料应回收处理。

7.3.4 墙体、地面开槽时产生的扬尘应得到有效控制。

8　质量记录

8.0.1 设备、器件、缆线、接插件各类跳线、接线排、信息插座、光纤插座等产品的出厂合格证、产品技术文件资料应齐全。

8.0.2 综合布线系统管槽、缆线敷设等安装工程、安装预检、隐检工程签证，自检、互检记录。

8.0.3 设计变更，洽商记录，设备器材明细表，竣工图，竣工图必须有完整的端口记录表。

8.0.4 分项工程检验批质量验收记录。

8.0.5 综合布线系统工程电气性能测试记录，如系统采用微机设计、管理、维护，监测应提供程序清单和用户数据文件，以及磁盘、操作说明等文件。

8.0.6 系统链路测试记录。

第2章　卫星接收与有线电视系统

本标准适用于有线电视、卫星电视、闭路电视和共用天线系统安装工程。

1　引用标准

《智能建筑工程施工规范》GB 50606—2010

《智能建筑工程质量验收规范》GB 50339—2013

《建筑工程施工质量验收统一标准》GB 50300—2013

《建筑电气工程施工质量验收规范》GB 50303—2015

《电视和声音信号的电缆分配系统》GB/T 6510-1996

《有线电视网络工程设计标准》GB/T 50200—2018

《有线电视广播系统技术规范》GY/T 106—1999

《广播电视卫星地球站工程设计规范》GY/T 5041—2012

2　术语（略）

3　施工准备

3.1　作业条件

3.1.1　随土建结构封顶时，屋面防水、装饰装修前，预埋卫星接收天线基础和预埋管已完成。

3.1.2　随土建结构砌墙时，预埋管和用户盒、箱已完成。

3.1.3　土建内部装修油漆浆活全部施工完。

3.1.4　前端机房内设备安装，应在下列条件具备后，开始施工：机房内土建装修完毕，架空地板（或抗静电地板）施工完毕。AC220V 设备电源供电及 AC380V 设备动力（天线电机）供电管、线、箱全部施工完毕。暗装机箱的箱体稳装完毕。进入机房的馈线及其管路、线槽已敷设完毕，并引入到机房的机柜的位置下面。机房的空调、照明、检修插座等配属设施施工完毕。机房内预留专用的接地端子，用于机房设备接地。

3.2　技术准备

3.2.1　施工单位必须执有系统工程的施工资质。

3.2.2　设计文件和施工图纸齐全，方案设计符合国家、行业、地方标准及建设单位要求，并通过相关行业管理部门审批。

3.2.3　设计人员对施工人员进行详尽的技术交底。

3.2.4　施工前对施工现场勘察，满足系统工程施工和图纸要求。

3.3　材料及机具

3.3.1　有线电视系统接收天线选择要求：应根据不同的接收频道、接收卫星、场强、接收环境以及有线电视系统设施规模选择开路天线和卫星天线，以满足接收图像品质的要求，并应有产品合格证。

3.3.2　各种铁件应全部采用镀锌处理。不能镀锌处理时，应进行防腐处理。如采用8＃铅丝和钢丝绳及各种规格的铁管、角钢、槽钢、扁铁、圆钢、14＃绑线、钢索卡、花篮螺栓、拉环等均应采用镀锌处理。各种规格的机螺丝、金属胀管螺栓、木螺丝、垫圈、弹簧垫等应镀锌。

3.3.3　用户终端盒是系统与用户电视机连接的端口，用户终端盒分为明装和暗装，暗装盒分塑料盒和铁盒两种。用户终端面板插座分单孔和双孔，插座插孔阻抗为75Ω，并应有产品合格证。

3.3.4　电视电缆应采用屏蔽性能较好的物理高发泡聚乙烯绝缘电缆，它由同轴的内外导体组成，特性阻抗为75Ω，并应有产品合格证和检验报告。对于现场环境有干扰的，可选用双屏蔽电缆；对于需要现场架空的电缆，可选用自承式电视电缆，室外电缆应采用黑色护套电缆。

3.3.5　分支、分配器等无源器件：按照设计要求选择不同规格的器件，并应有产品合格证。

3.3.6　根据设计要求，选择相应型号及性能的天线放大器、混合器、分波器、干线放大器、分支干线放大器、延长放大器、分配放大器、机柜、机箱、高频头（LNB）、接收机、调制器、解调器、净化电源等设备。应检查器材、设备外观是否完整无损，配件是否齐全，产品说明书和技术资料齐全，并应有产品合格证和3C认证标识。（进口产品应提供商检证明材料）。

3.3.7　其他材料：焊条、防水弯头、焊锡、接插件、绝缘子、天线基础预埋螺栓、避雷器等。

3.3.8　测量仪器：场强仪、测试天线、万用表、兆欧表、监视器（或小电视）、指南针、量角仪、铅锤等。

3.3.9　施工机具：手电钻、电锤、钳子、改锥、电工刀、电烙铁、电焊机、水平尺、大绳、安全带、高梯、中梯、工具袋、脚扣、紧线机、牵引机等。

3.3.10　起重运输设备：吊车、倒链。

4　操作工艺

4.1　工艺流程

站址选择→钢管、金属线槽及线缆敷设→天线安装→前端机房设备安装→传输设备安装→用户终端安装→系统测试→系统验收

4.2　站址选择

4.2.1　接收现场要满足开阔空旷的条件，应避开接收电波传输方向上的遮挡物和周围的金属构件，并避开一些可能造成干扰的因素，例如：高压电力线、电梯机房、飞机航道、微波干扰带、工业干扰等，且不要离公路太近。

4.2.2　架设天线高度应尽量提高，可避开周围高大建筑物产生的阴影区，并可提高接收电平，有利于改善系统的载噪比。

4.2.3　卫星接收天线安装位置亦可选择在无遮挡的地面，既可利用建筑物阻挡微波干扰路径，又可以降低卫星接收天线在屋顶的风荷载，提高系统安装的安全性。

4.2.4　站址的位置要适中，宜选择在整个系统的中心位置，以便向四周辐射敷设干线，减少干线的传输长度。且前端机房与天线接收站的距离应小于50m。

4.2.5　在安装天线前，应采用测试天线和场强仪对现场进行勘测，选择接收图像品质最佳的位置及安装高度。

4.3　钢管、金属线槽敷设

钢管及金属线槽敷设参照相关章节执行。

4.4　线缆敷设

4.4.1　干线电缆的长度应根据图纸设计长度进行选配或定做，以避免干线

电缆接续在传输过程中产生的信号衰减。

4.4.2 电缆采用穿管敷设时，应扫清管路，将电缆和管内预留的带线绑扎在一起，用带线将电缆拉到管内。

4.4.3 电缆架空敷设时，应先将电缆吊索用夹板固定在电缆杆上，再用电缆挂钩把电缆托在吊索上。挂钩的间距宜为0.5～0.6m。根据气候条件应留有一定垂度。

4.4.4 当架空电缆或沿墙敷设电缆引入地下时，在距离地面不小于2.5m的地方采用钢管保护，钢管应埋入地下0.3～0.5m。

4.4.5 直埋电缆时，必须用具有铠装层的电缆，其埋深不得小于0.8m。紧靠电缆处要用细土覆盖100mm，盖好沟盖板，并做标记。在寒冷的地区应埋在冻土层一下。

4.5 天线安装

天线安装包括：基础、可拆式底座、立住、方位转动机构、俯仰调整机构、反射面馈源及支撑系统等。

4.5.1 卫星接收天线安装

1 天线避雷：若天线（图2-1）位于建筑物避雷针保护范围之内，则天线无需再设避雷针；若位于保护范围之外，可在主反射面上沿和副反射面顶端各安装一避雷针，其高度应覆盖整个主反射面（见图2-2）；或单独安装避雷针，其安装高度应确保天线置于其保护范围之内（见图2-3）。避雷针接地应有独立走线，严禁避雷针接地与室内接收设备接地线共用。

2 天线基础：根据天线厂家提供的产品资料，并根据天线的自重和风荷载等指标，预埋基础螺栓件和基础钢板，并应保证各基础墩的平面高度保持一致并水平。

3 立柱吊装：校准预埋螺栓的尺寸和位置后，先将天线立柱吊装，固定在预埋螺栓上，并采用平垫圈、弹簧垫圈及双母进行紧固，螺栓暴露部分要均匀涂抹黄油，防止金属件生锈。

4 天线面拼装：根据出厂编号顺序进行拼装，拼装过程中螺丝不应一次紧固，待天线面全部拼装完毕后，统一进行紧固，以防止在安装过程中对天线面的损坏，影响精度。

5 天线面的整体吊装：将拼装好的天线面整体吊装在已安装好的天线主柱，

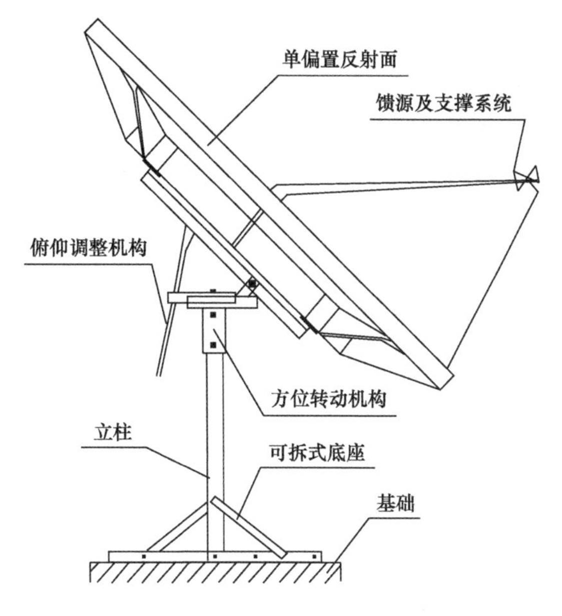

图 2-1 1.2m Ku 天线结构示意图

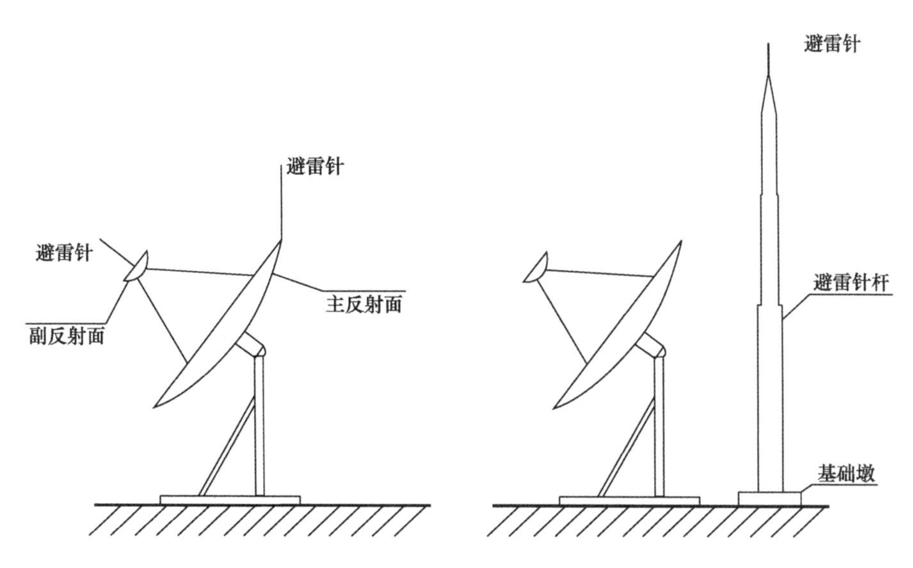

图 2-2 卫星接收天线避雷针安装图　　图 2-3 卫星接收天线避雷针安装图

并用螺栓连接。在拼装过程中应注意吊装的承重点固定在天线面的骨架上，防止在吊装过程中承重中心的偏离，造成天线面倾斜或损坏天线面。若天线直径大于（含）4m，应编制天线吊装方案，按方案进行施工。

6 天线方向选择：卫星天线的最大接收方向是调整俯仰角和方位角，达到监视图像噪点为最少（或没有），并注意不同电视卫星频道图像品质的均衡。室外的器件和设备应做防水处理。天线安装好后，即可与其他设备连接。先做好电缆线的F头，把高频头输出与卫星接收机的射频输入连接。接头要拧紧，确保芯线接触良好，屏蔽层可靠接地，并用胶条（高频头盒内有）把F头缠紧，以防雨水浸入。

4.5.2 开路天线的安装要求

1 几副开路天线可共杆架设，也可单独分开架设。天线间必须保持一定的距离，立杆间水平间距≥5m；同一方向的立杆前后距离≥15m。一般不采用前后架设天线，同一根立杆两层天线间距不应小于较长波长天线工作波的λ/2（λ：波长）且最小间距≥1m，天线的左右间距要大于较长波长天线工作波的λ。

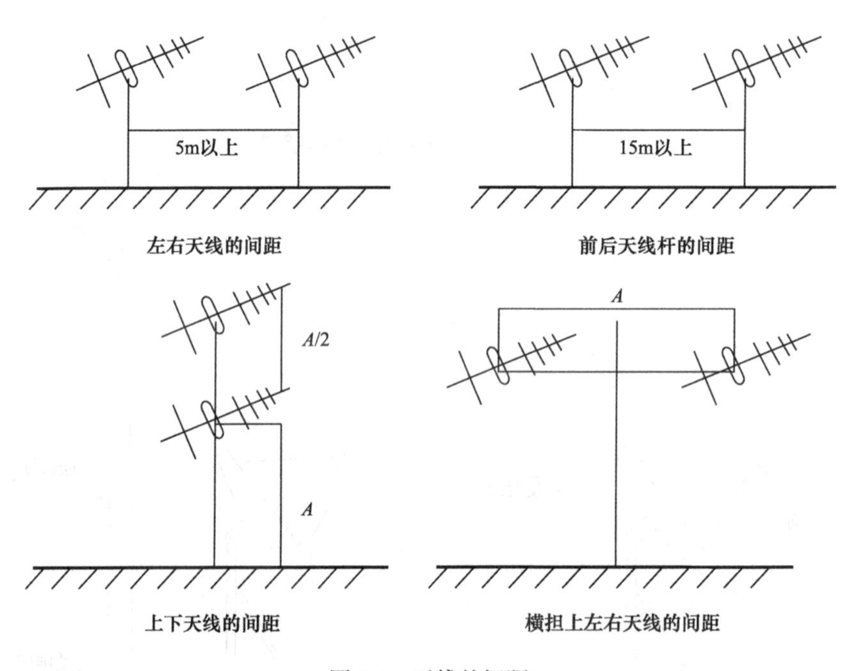

图 2-4 天线的间距

2 天线高度的选择：天线距离地面或屋顶的高度不应小于一个波长。适当调整水平位置和高度，以接收信号品质最佳为准。

3 天线方向选择：选择电平最强的天线方向。一般开路天线的最大接收方向对准电视发射塔（电视发射源），但是有时为了避开干扰源或因为前方有遮挡物，可根据实际情况，使接收天线的最大接收方向稍微调偏一些。

4 开路天线基座的预埋：天线基座应随土建结构施工，在做屋面顶板时，做好预埋螺栓或底板预埋螺栓。预埋螺栓不应小于 ϕ25mm×250mm，明装接地引下线圆钢直径不应小于 ϕ8mm；暗敷设圆钢直径不应小于 ϕ12mm，也可在基座预埋 4mm×25mm 的扁钢 2 根，与基座钢板焊接；连接用基座钢板厚度不应小于 6mm；基座高度不应低于 200mm；用水泥砂浆将基座平面、立面抹平齐。同时预埋好地锚，三点夹角在 120°位置上，拉环采用直径 ϕ8mm 以上镀锌圆钢制成，底部与结构钢筋焊接，焊接长度为圆钢直径的 6 倍，同时除掉焊渣，并用水泥砂浆抹平整。

4.5.3 天线竖杆与拉线的安装

1 多节杆组接的竖杆：多节杆组接的竖杆应从下至上逐段变细变短，各段焊接牢固，如图 2-5 所示，*DC* 两段长度之和不小于一个波长（一般为 2.5～6m；否则会影响天线正常接收。）。*B* 段为固定天线部分，其长度与固定天线的数量有关，通常为 3m 左右。*A* 段为避雷针，一般采用 ϕ20mm 圆钢，长度大于 2.5m 以上。

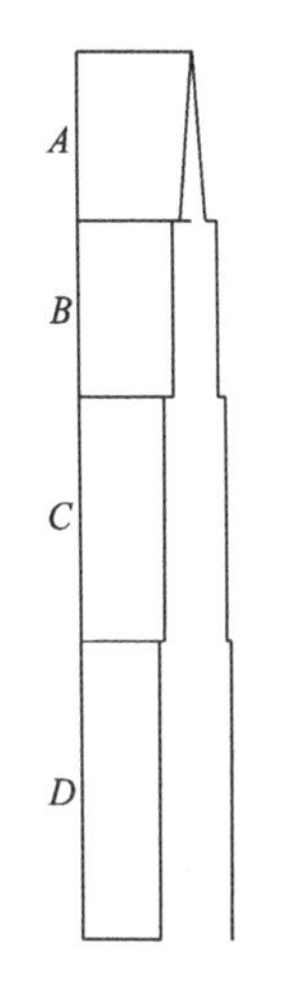

图 2-5 天线杆制作图

2 防止天线架设因大风、地震而倒塌造成的触电事故。要求天线与照明线及高压线保持一定的距离，如表 2-1 所示：

天线与照明线及高压线距离 **表 2-1**

电压	架空电缆种类	与电视天线的距离（m）
低压架空线	裸线	>1
	低压绝缘电线和多芯电缆	>0.6
	高压绝缘电缆或低压电源	>0.3
低压架空线	裸线	>1.2
	高压绝缘电线	>0.8
	高压电源	>0.4

3 竖杆：现场要干净整齐，与竖杆无关的构件放到不妨碍竖杆以外的地方。人员和工具应准备齐全。首先把上、中、下节杆连（焊接）接好，紧固螺丝，再

把天线杆的拉线套绑扎紧，挂在杆上；各拉线钢索卡应卡牢固；中间绝缘瓷珠套接好；花篮螺栓松至适当位置，并放在拉线预定地锚位置上，把天线杆放在起杆的位置，杆底放在基础位置上；全部准备就绪。现场指挥下达口令统一行动，将杆立起，起杆时用力要均匀，防止杆身忽左忽右摆动。然后利用花篮螺栓校正拉线松紧程度。并用 8＃～10＃铅丝把花篮螺栓封住。拉线与竖杆的角度一般为 30°～45°；如果天线杆过高，可采用双层拉线。拉线位置应避开天线接收电磁波的方向。

4 拉线地锚必须与建筑物连接牢靠，不得将拉线固定在屋顶透气管、水管等构件上。

4.5.4 天线的安装

1 架设天线前，应对天线本身进行认真的检查和测试。天线的振子应水平放置，相邻振子间应平行，振子的固定件应采用弹簧垫和平垫，牢靠紧固。馈线应固定好，以免随风摆动，并在接头处留出防水弯。

2 把经检查合格的天线组装在横担上，天线各部分组件装好，用绳子通过杆顶滑轮，把组装好天线的横担吊起到预定的位置，由杆上工作人员把横担与天线卡子连接牢固。

3 各频道天线按上述做法组装在天线杆上适当的位置；原则高频道天线在上边，低频道天线在下边，层与层间的距离大于 $\lambda/2$。

4 通过观测监视器的接收图像和读取场强仪测量值，确定天线的最佳接收方位后，将天线固定。

4.5.5 接地线制作

建筑物有避雷网时，可用 4mm×25mm 的扁钢或≥10mm 的圆钢将天线主杆、基座与建筑物避雷网连接为一体，接地电阻值应小于 1Ω。天线必须在避雷针保护角范围之内，单根避雷针顶端的保护角约为 45°，它的保护范围像帐篷状，边缘为双曲线。避雷针保护范围如图 2-6 所示：

1 针和接地体的具体制作：避雷针尖端的受电端，可用一定截面积的镀锌铁棒或圆钢做成。最下端用较粗的钢管制作，选用钢管应越往上越细，到顶端的一段为圆钢并做成尖型。防雷接地线的电阻值应小于 4Ω。为减少接地电阻可用 50mm×50mm×3mm×2000mm（需三根）角钢作接地体，每根接地体的间距为 2.5m。

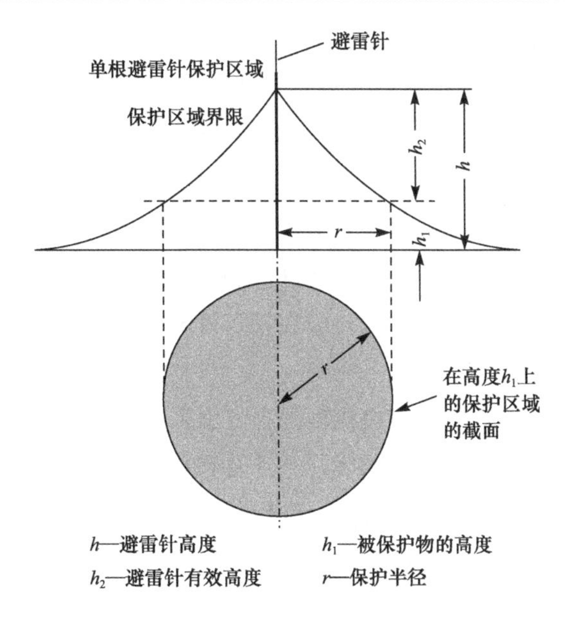

图 2-6　单根避雷针保护范围示意图

2　减少接地电阻的办法：做地线时土质如果为砂石土，会造成接地电阻大于要求值，起不到避雷的作用。所以应在接地体的坑内拌入降阻剂，然后回填较好的土质，以降低接地线电阻。接地体不可埋入垃圾层和灰渣层。

3　引下线的制作方法：从避雷针的底部到接地体的连接线称为引下线。应采用直径为 10～12mm 的圆钢或扁钢制作，焊接点应采用搭焊的方法，搭焊长度为圆钢直径的 6 倍，扁钢断面长边的 3 倍。不可采用对接焊或点焊的方法。

4.6　前端机房设备安装

4.6.1　机柜安装

按机房平面布置图进行设备机柜的定位。在机柜下对应的位置，将抗静电地板开槽，以保证地板下的电缆引入机柜。当机柜高度超过 1.8m，且设备安装的数量大于地板的荷载时，将机柜稳装在槽钢基础上，并用螺栓加防松垫圈固定，防止因机柜过重造成地板和设备的损坏。机柜摆放应竖直平稳。机柜并排摆放时，两台机柜间的缝隙不得大于 2mm；机柜面板应在同一平面上，并与基准线平行，前后偏差不应大于 2mm。

4.6.2　设备安装

在机柜上安装的设备应根据使用功能进行有机的组合排列。使用随机柜配置的螺丝、垫片和弹簧垫片将设备固定在机柜上。每个设备的上下空间应留有1U（或大于50mm）的空隙，以保证设备的上下留有空气流通、散热的空间，空隙处采用专用空白面板封装。对于非19′标准机柜安装的设备，可采用标准托盘安装；彩色监视器，应采用专用的电视机专用托盘和面板安装。

4.6.3 设备布线与标识

机房内通常采用地面线槽，电缆由机柜底部引入。电缆敷设应顺直，无扭绞，不得绑扎；在电缆进出线槽时，应在拐弯处绑扎，并注意拐弯半径，不能将电缆折坏。

当采用电缆桥架时，电缆应由机柜的上方引入机柜。

按照图纸采用电视电缆和F型专用插头连接各设备。将机房供电电源引至净化电源后，再分别供机房内设备使用。机柜背侧各电视电缆线和电源线应分别布放在机柜的两侧线槽内，按回路分束绑扎。安装于机柜的设备应标识设备所接收的频道；电缆的两端应留有余量，并做永久性标记。

4.6.4 设备接地

室外架空电缆引下/入线应先经过避雷器后才能引入机房设备。机房内的避雷器、机柜/箱、设备金属外壳、电缆金属护套（或屏蔽层）均应汇接在机房总接地母排上。前端机房的总接地装置接地电阻不大于1Ω。

4.7 传输设备安装

4.7.1 有源设备（如：干线放大器、分支干线放大器、延长放大器、分配放大器）的安装：

1 干线放大器、分支干线放大器、延长放大器、分配放大器的位置应严格按照施工图纸进行施工。

2 明装时：电视电缆需要通过电线杆架空，野外型放大器吊装在电线杆上，或左右1m以内的地方，且应固定在电缆吊线上，野外型放大器应采用密封橡皮垫圈防水密封，并采用散热良好的铸铝外壳，外壳的连接面宜采用网状金属高频屏蔽圈，保证良好与地接触，接插件要有良好的防水抗腐蚀性能，最外面采用橡皮套防水。不具备防水条件的放大器及其他器件要安装在防水金属箱内。

3 暗装时：根据图纸设计，电视箱体内放置一块配电板，箱体内器件均采用机螺丝固定在箱体内的配电板上；配电板上的设备走线均由板的背面引至板前侧。在箱体内门板处要贴箱内设备的系统图，并在上面标明电缆的走向及信号输入、输出电平，以便以后维修检查。

4　放大器箱内应留有检修电源。

4.7.2　分支分配器的安装：

分支分配器应安装在分支分配器箱内或放大器箱内，并用机螺丝固定在箱内配电板上；箱体尺寸应根据箱内设备的数量而定，箱体采用铁制，可装有单扇或双扇箱门，箱体内预留接地螺栓，箱内装有配电板。

当需要安装在室外时，必须采用防雨型设备，距地面不应小于 2m；连接电缆的输入/输出口处，电缆必须有滴水弯（即 U 形圈）。

有线电视线及其专用 F 头连接插头做法：将有线电视同轴电缆的铜芯剥出 10～15mm。

将固定环套入同轴电缆头内。将 F 头尾头插入同轴电缆的金属屏蔽网与内芯绝缘层间。用固定环在 F 头尾头处，用钳子压紧，将同轴电缆固定于 F 头上。将多余的铜芯线头剪掉（与 F 头螺母平面齐平）。

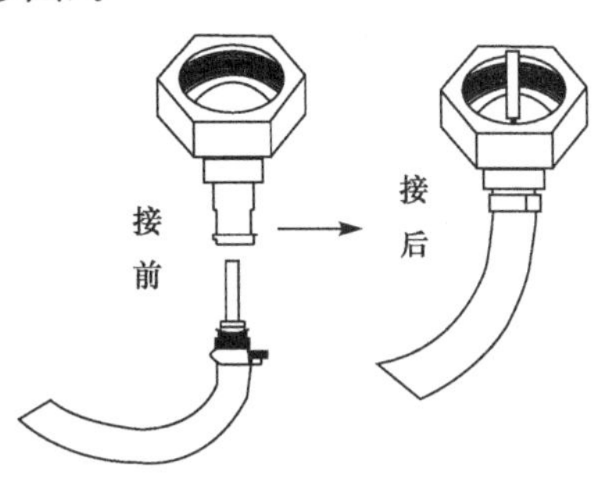

图 2-7　有线电视 F 头接法

4.8　用户终端安装

检查修理盒口：检查盒子口有不平整处，应及时检修平整。暗盒的外口应与墙面齐平；盒子标高应符合设计规范要求，若无特殊要求，电视用户终端插座距地面 300mm，距强电插座水平距离 500mm；明装盒应牢固。

结线压接：先将盒内电缆接头剪成 100～150mm 的长度，然后把 25mm 的电缆外绝缘护套剥去，再把外导线铜网打散，编成束，留出 3mm 的绝缘台和 12mm 芯线，将芯线压在端子，用 Ω 卡压牢铜网处。如图 2-8 所示。

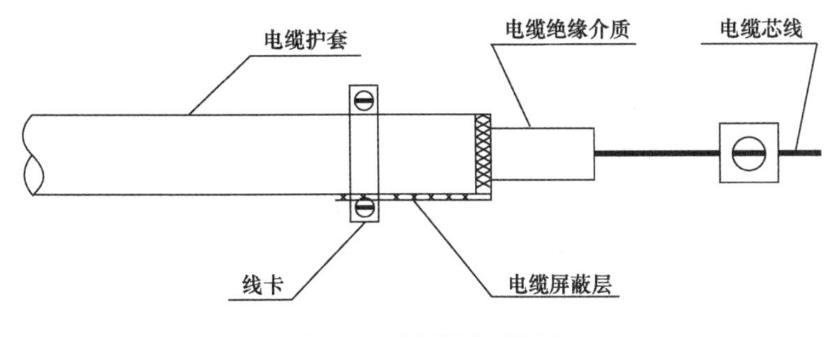

图 2-8　用户终端压接图

固定盒盖：用户插座的阻抗为75Ω，用机螺丝将面板固定。接收机至用户盒的连接线应采用阻抗为75Ω，屏蔽系数高的同轴电缆，其长度不宜超过3m。

4.9 系统测试

4.9.1 天线调试

1 开路天线架设完毕，应检查各接收频道的安装位置是否正常；卫星电视天线的俯仰和方位角的位置是否正常。

2 用场强仪测量天线接收信号的电平值，微调天线的方向，使场强仪的电平指示达到最大。同时观察接收的电视图像品质和伴音质量，无重影、无雪花、无噪点（或偶尔有噪点，但不讨厌）时，固定天线，并将天线的信号引下馈线绑扎整齐。

4.9.2 前端设备调试

1 将各频道的电视信号接入混合器，用场强仪测试混合器的检测口，调整各频道的输出电平值，使各频道的输出电平差在2dB以内。若调整混合器的调整旋钮无法达到2dB的电平差时，可对电平值高的频道增加衰减器。

2 调整设置卫星接收机的接收频率及其他参数，适当调整调制器的输出电平至该设备的标称电平值，并通过混合器的输出检测口测试，再适当调整混合器的信道调谐旋钮，最终使混合器的输出电平差在±1dB，且电平值符合图纸设计要求（若无图纸设计要求，应在施工前进行指标核算和指标分配，计算有源设备的电平值）。

3 机房前置放大器（或干线放大器）的调试：按图纸设计要求，调整放大器的输出电平旋钮、均衡旋钮（或更换适当衰减值的插片）达到图纸设计的电平值，通常做法，放大器的输出电平不宜大于100dB，（对于系统规模大，传输链路长的系统建议采用更低电平），相邻频道的电平差±0.75dB以内，各频道间的电平差±2dB以内。

4 前端设备调试完毕后，将信号传输至干线系统。

4.9.3 干线放大器的调试

依据图纸设计的电平值进行调试，调整输出电平及输出电平的斜率。若图像产生交、互调干扰，说明放大器的输出电平高于系统指标分配后的最大输出电平，应重新进行指标分配，按照重新核算放大器输出电平的设计值进行调整。

4.9.4　分配网的调试

按照图纸设计要求，调整分配放大器的输出电平和斜率。在各系统的用户终端进行测试，看用户终端电平是否达到系统设计要求，若无法达到设计要求，适当调整分配放大器的输出电平和斜率、分支分配器等无源器件，以达到图纸设计值要求。系统用户终端电平控制在设计值以内，并用彩色监视器，观察图像品质是否清晰，是否有雪花或条纹、交流电干扰等。

4.10　系统验收

现场测试，并填写前端测试记录、放大器电平测试记录、用户终端电平测试记录，并到相关管理部门办理验收手续。

5　质量标准

5.1　主控项目

5.1.1　客观测试

客观测试应测试卫星接收电视系统的接收频段、视频系统指标及音频系统指标，还应测量有线电视系统的终端输出电平。测试结果应符合设计要求。

5.1.2　主观评价

1　模拟信号的有线电视系统主观评价应符合表 2-2 的规定

模拟电视主要技术指标　　　　**表 2-2**

序号	项目名称	测试频道	主观评测标准
1	系统载噪比	系统总频道的 10%且不少于 5 个，不足 5 个全检，且分布于整个工作频段的高、中、低段	无噪波，即无“雪花干扰”
2	载波互调比	系统总频道的 10%且不少于 5 个，不足 5 个全检，且分布于整个工作频段的高、中、低段	图像中无垂直、倾斜或水平条纹
3	交扰调制比	系统总频道的 10%且不少于 5 个，不足 5 个全检，且分布于整个工作频段的高、中、低段	图像中无移动、垂直或斜图案，即无“窜台”
4	回波值	系统总频道的 10%且不少于 5 个，不足 5 个全检，且分布于整个工作频段的高、中、低段	图像中无沿水平方向分布在右边一条或多条轮廓线，即无“重影”

续表

序号	项目名称	测试频道	主观评测标准
5	色/亮度时延差	系统总频道的10%且不少于5个，不足5个全检，且分布于整个工作频段的高、中、低段	图像中色、亮信息对齐，即无“彩色鬼影”
6	载波交流声	系统总频道的10%且不少于5个，不足5个全检，且分布于整个工作频段的高、中、低段	图像中无上下移动的水平条纹，即无“滚道”现象
7	伴音和调频广播的声音	系统总频道的10%且不少于5个，不足5个全检，且分布于整个工作频段的高、中、低段	无背景噪声，如咝咝声、哼声、蜂鸣声和串音等

2 图像质量的主观评价应符合表2-3的规定

图像质量主观评价评分 **表2-3**

评分值（等级）	图像质量主观评价
5分（优）	图像质量极佳，十分满意
4分（良）	图像质量好，比较满意
3分（中）	图像质量一般，尚可接受
2分（差）	图像质量差，勉强能看
1分（劣）	图像质量低劣，无法看清

5.2 一般项目

5.2.1 对于基于HFC或同轴传输的双向数字电视系统的上行及下行指标应符合设计要求。

5.2.2 数字信号的有线电视系统主观评价的项目和要求应符合表2-4的规定。

数字信号的有线电视系统主观评价的项目和要求 **表2-4**

项目	技术要求
图像质量	图像清晰，色彩鲜艳，无马赛克或图像停顿
声音质量	对白清晰，音质无明显失真，不应出现明显的噪声和杂音
唇音同步	无明显的图像滞后或超前于声音的现象
节目频道切换	节目频道切换时不能出现严重的马赛克或长时间黑屏现象；节目切换平均等待时间应小于2.5s，最大不应超过3.5s
字幕	清晰，可识别

6 成品保护

6.0.1 在屋面安装开路天线、主杆及卫星天线时，不得损坏建筑物、屋面防水及装修，并保持现场清洁。

6.0.2 设置在吊顶内的箱、盒在安装部件时，不应损坏龙骨和吊顶。

6.0.3 修补浆活儿时，不得把器件表面弄脏，并防止水进入器件内部。

6.0.4 使用高梯时，不得碰坏门窗和墙面。

6.0.5 对主要零部件加强爱护、轻抬（拿）轻放，切勿碰伤（如反射面、微波器等），如有碰伤，及时修理或更换。

6.0.6 对转动配合部位和紧固建应检查是否生锈；如果生锈可上润滑油。

6.0.7 高频头F头接口要注意防水。

6.0.8 天线处于露天工作，要注意防锈。

6.0.9 定期检查各紧固件，以防松动。

6.0.10 遇有10级大风时，应将天线口面朝天锁定。

7 注意事项

7.1 应注意的质量问题

7.1.1 用户终端无信号。主要处理措施有：

1 前端电源失效或有源设备失效。应检查供电电压或测量输入信号（有无）。

2 接收天线系统故障。应检查短路和开路传输线，接插头，前端变频器、前端天线放大器等。

3 线路放大器的电源失效。检查输入插头是否开路，再检测电源保险，电源等，从故障端至信号源端检查各放大器的输出信号和工作电源是否正常。

4 干线电缆故障，检查首端至各级放大器间的电缆是否开路或短路，并检查各种电缆插头。

7.1.2 信号微弱，所有信号均有雪花，此现象为信号电平未达到标准电平。主要处理措施有：

1 天线接收系统故障，检查前端接收信号的图像是否清晰，天线的朝向是否有偏离。

2 前端设备有故障，看有源设备的输入、输出是否正常，若设备正常，看电缆馈线等是否有短路现象。

3 传输线路故障，由故障源向节目源的方向检查每台放大器的输出信号和放大器的供电电源是否正常。

4 分配网络中的无源器件是否有短路，电缆是否有损坏。

7.1.3 图像出现重影时的处理措施：属于天线接收的问题。采用监视器，观察接收电视信号的图像品质，若为前重影，是因为当地接收信号的场强过强，须对前端的信号变换频道传输处理；若为后重影，则因为前端的接收信号受到周围建筑物的反射，应适当调整天线的位置，避开反射造成的重影现象。

7.1.4 图像出现条纹、横道干扰时的处理措施：放大器等有源设备的输出电平过高，超过该放大器的最大输出电平，或超过该有源设备分配的指标。适当降低电平。

7.1.5 有的图像有条纹干扰，有的图像清晰处理措施：各频道的电平差过大，造成高电平的频道对低电平的频道干扰。应将电平调平。

7.1.6 图像出现交流滚动横道干扰处理措施：系统的屏蔽接地没有做好，在故障处及以前的放大器和分支器及电缆的屏蔽外壳连做一体，可靠接地。

7.2 应注意的安全问题

7.2.1 风力大于四级或雷雨天气时，严禁进行高空或户外安装作业。

7.2.2 架设天线等高空作业时，操作人员必须佩戴安全带。

7.2.3 架设天线主杆时，应安排充足的施工人员，且用力一致，不宜过猛，防止在竖杆过程中造成倾斜，砸伤人员。

7.2.4 使用吊车吊装天线时，吊点应连接可靠、牢固。

7.2.5 在搬运设备、器材时，应轻拿轻放，避免碰伤人。

7.2.6 设备通电调试前，必须检查线路接线是否正确，确认无误后，方可通电调试。

7.3 应注意的绿色施工问题

7.3.1 施工现场的垃圾、废料应分类堆放在指定地方，及时清运并洒水降尘，严禁随意抛撒。

7.3.2 现场强噪声施工机具，应采取相应措施，最大限度降低噪声。

8 质量记录

8.0.1 设备的合格证、质量检验报告、3C认证证书、产品技术说明书和技术资料。

8.0.2　材料、构配件进场检验记录。

8.0.3　隐蔽工程检验记录。

8.0.4　工程安装质量及观感质量检查记录。

8.0.5　系统调试及试运行记录。

8.0.6　分项工程检验批质量验收记录表。

8.0.7　子系统检测记录。

第3章　计算机网络系统

本工艺标准适用于改建、扩建、新建智能建筑计算机网络系统安装工程。

1　引用标准

《智能建筑工程施工规范》GB 50606—2010

《智能建筑工程质量验收规范》GB 50339—2013

《建筑工程施工质量验收统一标准》GB 50300—2013

《建筑电气工程施工质量验收规范》GB 50303—2015

《智能建筑设计标准》GB 50314—2015

《数据中心房设计规范》GB 50174—2017

《综合布线系统工程设计规范》GB 50311—2016

《综合布线系统工程验收规范》GB 50312—2016

2　术语（略）

3　施工准备

3.1　作业条件

3.1.1　综合布线系统施工完毕，且已竣工通过系统检测，具备竣工验收的条件。

3.1.2　机房、设备间装修施工完毕，电源与接地装置已安装完成，具备安装条件。

3.1.3　已制定计算机网络系统的网络规划和配置方案、系统功能和系统性能文件，并经相关单位会审批准。

3.2　材料及机具

3.2.1　附件：数据连接线、跳线（UTP双绞线、光纤跳线）。

3.2.2　设备及软件：交换机、路由器、防火墙、软件及其安装调试手册和技术参数文件。

3.2.3　安装工具：十字螺丝刀、RJ45 压接钳，测线仪。

3.2.4　调试工具：笔记本电脑（windows 操作系统）、万用表。

4　操作工艺

4.1　工艺流程

机柜安装→设备安装→软件安装→网络测试→系统验收

4.2　机柜安装

4.2.1　根据设计要求确定安装 19 英寸标准机柜位置，机柜正面净空不小于 150cm、背面净空不小于 80cm。

4.2.2　螺钉安装紧固，机柜安装平稳、牢固，垂直偏差度小于 3mm。

4.2.3　机柜内安装足够容量的电源插座，注意电源极性：左零、右火，中地。

4.3　设备安装

4.3.1　从库房领取设备，核对型号、数量，登记序列号。

4.3.2　设备开箱，按清单清点附件及检查设备外观。

4.3.3　阅读安装手册和操作说明，安装信息模块和相关部件。

4.3.4　用螺钉将固定挂耳固定在设备前面板或后面板两侧。

4.3.5　将设备放置在机柜的一个托盘上，根据实际情况，沿机柜导槽移动设备至合适位置，注意保证设备与导轨间的合适距离。

4.3.6　用满足机柜安装尺寸要求的盘头螺钉，将设备通过固定挂耳固定在机柜上，保证设备位置水平并牢固。如图 3-1 所示，其中（1）为机柜的正面尺寸，（2）为机柜的侧面尺寸。

4.3.7　连接地线，保护地接地点位于机箱后面板，用一根＞$6mm^2$ 接地电缆将该点与机柜连接起来，要求连接良好且接地电阻不大于 1Ω。

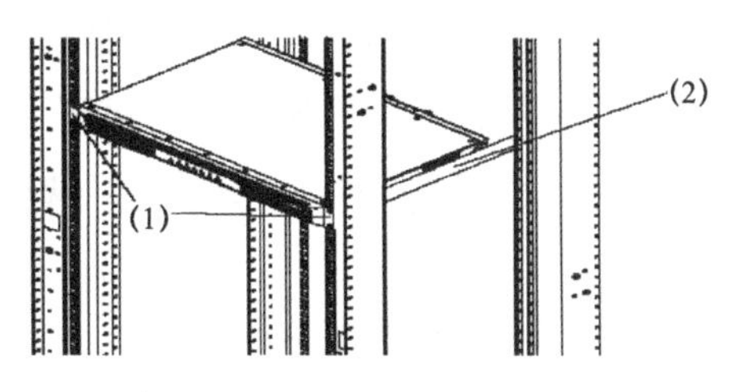

图 3-1　固定设备

4.3.8　连接电源线，将设备电源开关置于 OFF 位置，用随机所带的电源线一端插到设备的电源插座上，另一端插到交流电源插座上。

4.3.9 把设备电源开关拨到 ON 位置。检查设备前面板电源灯 PWR 是否变亮，查看其他状态是否正常。

4.3.10 连接以太网电缆，连接线应稳固、走向清楚、明确，粘贴永久性标签。

4.3.11 机柜应张贴设备系统连线示意图。

4.4 软件安装

4.4.1 应按设计文件为设备安装相应的软件系统，系统安装应完整。软件应为正版软件。

4.4.2 操作系统、防病毒软件应设置为自动更新方式。防病毒软件应始终处于启用状态。

4.4.3 软件系统安装后应能正常启动、运行和退出。

4.4.4 软件安装完成后，应为操作系统、数据库、应用软件设置相应的用户密码。多台服务器与工作站之间或多个软件之间不得使用完全相同的用户名和密码组合。

4.5 网络测试

4.5.1 应进行 VLAN 划分、对各设备的域名、IP 地址、MAC 地址进行确定。

4.5.2 线缆检测应按综合布线的检测内容及要求进行测试，并满足要求。

4.5.3 网络可用性检测

1 物理接口测试：设备加电后按照设备厂家产品说明书要求检查各设备指示灯状态，指示灯的显示应完全表明设备完全正常。

2 网络联通性测试：用因特网控制消息协议 ICMP 测量网络可用性，采用 ping 命令检查本地网卡、协议等配置；采用 ping 命令检测与对方接点之间的网络连通性。

3 联通路径确认：采用 tracert（windows 操作系统）或 traceroute（IOS 命令系统）检测联通路径，通过调整路由要求数据包应经过理想路径。

4 应用协议的可用性：在对应节点上配置 IP 地址（安装协议软件）、启动网络协议、设置 telnet 登录权限，使用 telnet 命令进行登录测试，检测高层协议的联通。

4.5.4 网络性能检测

1 丢包测试：采用 ping 命令、选用大中小数据包分别对设备和链路的丢包检测，丢包率应为0。

2 响应时间测试：采用ping命令对网络传输的响应时间进行检测，单位内部局域网的响应时间不大于2ms；外部互联网的响应时间不大于300ms。

3 网络流量测试：应能够对交换机、路由器的网络端口、链路、网段的流量进行检测和统计。采用“show interface端口号”命令检测端口流量；采用libpcap（UNIX）或winpcap（WINDOWS）等开源网络监视软件对指定链路、网段的流量进行检测、统计；采用专业的商业软件、硬件协议分析工具对指定链路、网段的流量进行检测、统计。

4.5.5 交换机性能检测

1 转发性能测试：交换机转发性能测试包括二层、三层交换机的数据帧的丢包率、转发时延、吞吐量的测试。交换机转发性能测试应对其所有端口（以太端口、快速以太端口、千兆以太端口、万兆以太端口）进行测试；交换机转发性能测试应先对板（卡）内多端口测试，后对板（卡）间多端口的测试；每项参数的测试时间宜为5min（2～12min）。

2 大包时延测试：大包时延测试的时间宜为120s（30～120s）。

3 高端性能测试：基于源IP/MAC地址进行的负荷分担功能测试；链路聚合冗余备份功能测试；IPvx单播路由功能测试；OSPF路由支持的数量；IGMP Snooping测试；PIM-DM组播路由协议测试；PIM-SM组播路由协议测试。

4.5.6 路由器性能检测

路由器的性能检测主要包括转发性能测试、QoS能力测试、安全性能测试、可靠性测试。其中转发性能测试的内容包括：全双工线速转发能力；整机吞吐量；端口吞吐量；背靠背帧数；路由表能力；背板能力；丢包率；时延；时延抖动。

4.5.7 网管功能检测

网管功能检测主要内容包括系统的故障、计费、配置、性能、安全等管理功能。

5 质量标准

5.1 主控项目

5.1.1 根据网络设备的连通图，网管工作站应能够和任何一台网络设备通信。

5.1.2 各子网（虚拟专网）内用户之间的通信功能检测：根据网络配置方案要求，允许通信的计算机之间可以进行资源共享和信息交换，不允许通信的计算机之间无法通信；并保证网络节点符合设计规定的通信协议和适用标准。

5.1.3 根据配置方案的要求，检测局域网内的用户与公用网之间的通信能力。

5.1.4 对计算机网络进行路由检测，路由检测方法可采用相关测试命令进行测试，或根据设计要求使用网络测试仪测试网络路由设置的正确性。

5.1.5 系统测试、检验的样本数量应符合信息网络系统的设计要求。

5.1.6 系统配置应符合经审核批准的规划和配置方案，并完整记录。

5.2 一般项目

5.2.1 对具备容错能力的网络系统，应具有错误恢复和故障隔离功能，主要部件应冗余设置，并在出现故障时可自动切换。

5.2.2 对有链路冗余配置的网络系统，当其中的某条链路断开或有故障发生时，整个系统仍应保持正常工作，并在故障恢复后应能自动切换回主系统运行。

5.2.3 网管系统应能够搜索到整个网络系统的拓扑结构图和网络设备连接图。

5.2.4 网络系统应具备良好诊断功能，当某台网络设备或线路发生故障后，网管系统应能够及时报警和定位故障点。

5.2.5 应能够对网络设备进行远程配置和网络性能检测，提供网络节点的流量，广播率和错误率等参数。

5.2.6 应检验软件系统的操作界面，操作命令不得有二义性。

5.2.7 应检验软件系统的可扩展性、可容错性和可维护性。

5.2.8 应检验网络安全管理制度、机房的环境条件、防泄露与保密措施。

6 成品保护

6.0.1 安装完毕应保持面板干净，无尘土、无指印。

6.0.2 锁好机柜门，避免无关人员触摸。

6.0.3 散热风扇保持正常，避免烧坏设备。

6.0.4 安装调试程序设置好密码，避免无关人员更改配置。

6.0.5 电源线和跳线保护好，避免无关人员损坏。

6.0.6 更改软件和系统的配置应做好记录。

6.0.7 在调试过程中应每天对软件进行备份，备份内容应包括系统软件、数据库、配置参数、系统镜像。

6.0.8 备份文件应保存在独立的存储设备上。

6.0.9 系统设备的登录密码应有专人管理，不得泄露。

6.0.10 计算机无人操作时应锁定。

7 注意事项

7.1 应注意的质量问题

7.1.1 设备安装平稳、牢固。

7.1.2 设备四周留有一定间隔。

7.1.3 注意电源电压、电源极性（左零、右火、中地）。

7.1.4 电源线、地线、跳线连接牢固，且接地装置满足接地电阻$<1\Omega$。

7.1.5 跳线走向明确，有永久性标记。

7.2 应注意的安全问题

7.2.1 严禁无关人员不经允许登录服务器或工作站更改网络设置。

7.2.2 设备通电调试前，必须检查线路接线是否正确，确认无误后，方可通电调试。

7.2.3 设备搬运时，必须采取有效的防护措施，保护设备及器材不受潮湿和损坏。

7.3 应注意的环境问题

7.3.1 施工现场的包装纸盒、塑料包装等废品以及时清理。

7.3.2 机房内必须保证干净整洁，必要时应做防尘措施。

8 质量记录

8.0.1 交换机、路由器、防火墙、软件等产品的出厂合格证、质量检验报告、产品技术文件。

8.0.2 材料、构配件进场检验记录。

8.0.3 工程安装质量及观感质量检查记录。

8.0.4 系统调试及试运行记录。

8.0.5 分项工程检验批质量验收记录表。

8.0.6 子系统检测记录。

第4章　电话交换系统

本工艺标准适用于适用于引进或国产数字程控交换机的安装与调试。

1　引用标准

《智能建筑工程施工规范》GB 50606—2010

《智能建筑工程质量验收规范》GB 50339—2013

《建筑工程施工质量验收统一标准》GB 50300—2013

《建筑电气工程施工质量验收规范》GB 50303—2015

《智能建筑设计标准》GB 50314—2015

《数据中心设计规范》GB 50174—2017

《综合布线系统工程设计规范》GB 50311—2016

《综合布线系统工程验收规范》GB 50312—2016

《固定电话交换设备安装工程设计规范》YD/T 5076—2005

《固定电话交换网工程验收规范》YD 5077—2014

2　术语（略）

3　施工准备

3.1　作业条件

3.1.1　前端布线工程施工完毕，且已竣工通过系统检测，具备竣工验收的条件。

3.1.2　机房的建筑和环境条件须符合设计要求，主要是：机房的土建和装修已全部竣工，门窗完整严密，防尘良好，地面平整光洁，预留沟、槽、管、洞的数量、位置和尺寸，均符合安装设计要求，照明、电源、通风、空调等设备安装完毕，温度、湿度、净化防尘以及防静电等条件满足工程需要。

3.1.3 已制定数字程控交换系统安装调试方案，并经相关单位会审批准。

3.1.4 熟习有关图纸和技术文件，要认真进行技术交底。主要图纸和文件应包括：设备平面布置图，走线架分布图，电缆孔布置图，配线连接图和配线表，面板布置图，安装手册，特种部件连接说明，操作维护手册，人机命令手册，硬件技术文件与软件技术文件，局数据与用户数据文件，工厂测试记录。

3.1.5 施工现场必须配备消防器材。机房内严禁存放易燃、易爆等危险物品。楼板预留孔洞应配有安全盖板。

3.2 材料及机具

3.2.1 数字程控交换机、话务台、软件等等设备及其安装调试手册、技术参数文件、合格证、入网证、质量检验报告等文件。

3.2.2 对运到工地的器材，进行清点数量、核对型号与外观检查，检查结果应符合订货合同要求。对局内电缆、接线板等，应抽样测试电气特性，结果应满足设计要求。

3.2.3 数据连接线、跳线（UTP 双绞线、光纤跳线）。

3.2.4 手电钻、冲击钻、剥线钳、电工刀、电烙铁、一字改锥、十字改锥、尖嘴钳、偏口钳、压接钳、测线仪、同轴切剥钳、压接钳、地线压接钳等。

3.2.5 笔记本电脑（Windows 操作系统）、万用表、工具袋、水平尺、拉线、500V 摇表、线坠。

4 操作工艺

4.1 工艺流程

设备安装及电缆布放 → 安装检查 → 本机调试 → 联网调试 → 割接开通

4.2 设备安装及电缆布放

4.2.1 机架安装

1 应按工程设计平面图安装交换机机柜，上下两端垂直偏差不应大于3mm；

2 交换机机柜内部接插件与机架应连接牢固；

3 机柜应排列成直线，每 5m 误差不应大于 5mm；

4 机柜安装应位置正确、柜列安装整齐、相邻机柜紧密靠拢，柜面衔接处无明显高低不平；

5　各种文字和符号标志应正确、清晰、齐全；

6　终端设备应配备完整、安装就位、标志齐全、正确；

4.2.2　数字配线架（DDF）与总配线架（MDF）的安装

1　数字配线架的安装位置要符合设计图规定，端子板、跳线环等应牢固端正，标志齐全。总配线架的安装除要求牢固和保证尺寸要求外，有滑梯的应特别注意滑梯牢固可靠，滑动平稳，各种标志要正确完整齐全。

2　机架、配线架应按施工图的抗震要求进行加固。

3　各种配线架各直列上下两端垂直偏差不应大于3mm，底座水平误差每米不大于2mm。

4.2.3　走线架及走线槽道的安装

走线架及走线槽道安装按工厂的安装手册和施工设计图纸进行，安装位置符合规定，水平度和垂直度偏差不应超过规定。

4.2.4　地线的安装

数字程控交换机使用大量的集成电路，对静电非常敏感，因此对设备的接地要求非常严格，在装插机盘之前，必须接好地线。地线连接以采用环型方式为好。具体连接应按设备的安装手册和设计图纸进行。

4.2.5　电缆布放

1　程控数字交换机的配线，包括架间电缆配线、架间光缆配线、电源配线、主机至DDF的配线、主机至MDF的配线以及主机至外部设备（磁带机、显示终端、打印机、话务员座席系统、测量台）的配线等，开始配线之前，最好在电缆两端绑上标签；

2　直流电源线连同所接的列内电源线，应测试正负线间和负线对地间的绝缘电阻，绝缘电阻均不得小于1MΩ；

3　交换系统使用的交流电源线芯线间和芯线对地的绝缘电阻均不得小于1MΩ；

4　交换系统用的交流电源线应有保护接地线。

4.2.6　机盘装插与盖板安装

1　所有机架、走线架与槽道、地线、外部设备等安装结束，所有电缆、电源线等配线全部布放并连接好之后，方可进行机盘（印刷板）的装插，机架盖板的安装。

2　机盘装插是根据设备的机架面板布置图进行的，对号插入，插拔时要力量适度，对准插入就位，要保证装插位置绝对正确。

4.3　安装检查

4.3.1　在安装工作结束、进入调试工作之前，应进行全面检查，发现问题，及时处理。

4.3.2　设备安装应重点检查位置、尺寸、牢固、完整等项，还应注意标志是否准确和完整。

4.3.3　地线应检查所有设备是否已正确接地，连接是否可靠，地线电阻是否合乎要求。

4.3.4　电缆布放连接应偏重检查布线是否正确，连接是否可靠。

4.3.5　电源线布放连接应重点检查有无碰地混线情况，连接是否牢固，有无松动现象。

4.4　本机调试

4.4.1　调试前准备工作

在系统通电测试之前，应对环境进行检查，要求机房保持整洁，机房内的温度、湿度应符合规定，电源电压符合设计规定。

4.4.2　硬件检查

在通电之前，应对下列项目作进一步检查以保证不因安装问题而影响测试工作：

1　设备标志正确。

2　印刷电路板数量、规格与安装位置正确无误。

3　机架内布线无断线和活头等现象，机架内无遗留螺丝、线头等杂物。

4　设备的各种选择开关应置于指定位置上。

5　设备的各种熔丝规格符合要求。

6　设备内部的电源布线无接地现象。

7　各机架接地良好。

4.4.3　通电

1　各种电路板数量、规格、接线及机架的安装位置应与施工图设计文件相符且标识齐全正确；

2　各机架所有的熔断器规格应符合要求，检查各功能单元电源开关应处于关闭状态；

3　设备的各种选择开关应置于初始位置；

4　设备的供电电源线，接地线规格应符合设计要求，并端接应正确、牢固；

5　应测量机房主电源输入电压，确定正常后，方可进行通电测试。

4.4.4　硬件测试

1　硬件测试包括主机硬件测试、告警系统检查、外围设备自测等几部分。

2　通电后，应按设备操作程序，逐级加上电源，检查所有变换器的输出电压，应符合要求。

3　检查告警系统的功能，告警系统工作正常有助于测试工作的进行。

4　硬件测试要借助外围设备，因此在测试之前，先要对外围设备进行自测。

在上述检测都通过之后，就可装入测试程序，通过人机对话或自检，对设备进行测试检查，提出测试报告。

4.4.5　系统调测

1　检测系统建立功能

系统建立功能包括系统初始化，系统自动/人工再装入，系统自动/人工再启动。前两项是开机装入软件和出现重大故障新装入软件的手段，必须认真检查，保证功能良好。

1）系统初始化的检测，按照工厂提供的手册进行，通常采用的方法是将装有软件的磁带装到磁带机上，通过磁带机将交换机的程序或数据送入交换机的内存，用人机命令对交换机进行系统启动，初始化后的交换机应能进入正常运行状态。

2）系统自动/人工再装入的检测，通常采用人为制造模拟故障的方法，使交换机系统需要全部软件再装入，检测该项功能。

3）系统自动/人工再启动是交换系统出现故障（多属于软件故障），而使程序不能正常执行时，使交换机恢复正常运行的一种手段，通常也采用人为制造模拟故障的方法，检查交换系统各级自动/人工再启动的功能。

2　检测系统的交换功能

交换功能是系统的基本功能，应逐项检测，在目前阶段，多采用人工呼叫方法检测。

1）本局及出入局呼叫，应在正常通话、话终复原方法、摘机久不拨号超时、位间隔超时、拨号中途放弃、被叫忙及链路忙、被叫久叫不应、呼叫空群或空号等各种情况下，检测交换机的响应，要特别注意是否发生“吊死”现象。

2）地区汇接呼叫，检查从入中继至出中继的汇接呼叫，也应考虑各种情况下交换机的响应。注意号码转发功能，应使用具有记忆功能的专用仪表检测。

3）长途自动来去话呼叫，检查从用户至出中继，或从入中继至用户的呼叫，也要考虑各种超时、遇忙或复原时交换机的响应。

4）长途人工和半自动呼叫，检查从入中继至用户的长途人工半自动呼叫，除了要检查正常通话、链路忙和复原方式外，还要检查下列长途人工或半自动呼叫的特殊功能：被叫长途人工和半自动忙，不能被其他呼叫插入或强拆；长途人工或半自动呼叫对正在进行地区通话或长途自动通话的用户，应具有插入功能；长途人工或半自动呼叫应具有再振铃和被叫反呼电话员的功能。

5）特种业务呼叫，用户拨特种业务呼叫，应通话正常，释放控制方法符合要求。

6）新业务功能，按设计文件确定的新业务项目，逐项用人机命令将用户设为新业务有权，检查新业务性能，应符合设计文件要求。

7）用户小交换机的来、去话呼叫，检测通过出、入中继的来、去话呼叫，通过用户级的来、去话呼叫，通过用户级呼叫小交换机时，应具有号码连选功能。

8）非电话业务，检测设计规定的非电话业务用户的各种功能。

3 检测系统的维护管理功能

维护管理功能是保证交换机正常运行的重要手段，应逐项认真检测。

1）人机命令检查，逐条输入人机命令，观察执行情况与应答信息，应符合手册要求。

2）告警系统检测，按照手册规定，设置各种模拟故障，检查各种可闻、可视信号和打印机打印的故障报告。

3）话务观察和统计，用人机命令对处理机、选组级、用户级和中继线群等公共资源运行情况进行观察统计，显示、打印结果应正确。用人机命令指定中继线和用户线进行话务观察，显示、打印结果应正确。

4）例行测试，用人机命令通过显示终端（或线路测量台）发出命令，对用户线的线路电阻、线间电容、绝缘电阻、外线非正常电压等线路参数和状态进行测试，结果应正常。用人机命令对中继线进行直流测试、交流测试和线路参数测试，结果应正常。用人机命令对公用设备、交换网络和各种信号音进行检测，结果应正确。

5）用户数据、局数据的管理，用人机命令对局数据中局间中继线数量、路由、信令、发号位数等进行增、删、改的操作，然后通过呼叫确认。用人机命令对用户数据中的用户号码、设备号码、类别和性能等进行增、删、改的操作，然后通过呼叫确认。

6）故障诊断和处理，在电源系统、处理机、交换系统和外围设备等处，分别进行模拟故障试验，故障告警、主备用设备倒换、系统再启动、故障信息输出及排障操作应正确。系统自动或人工进行故障诊断，故障定位功能应符合要求，显示或打印报告准确。

4　本机接通率测试

接通率是交换机的一项综合指标，通过接通率测试，可以反映交换机设备配置是否合适，是否还存在隐藏的软、硬件故障。接通率测试应使用模拟呼叫器进行，连续呼叫次数应不少于 2 万次，主、被叫数应不少于 60 次。接通率应满足设计要求。

4.5　联网调试

4.5.1　联网调试包括网同步检测、接口与信令配合和局间接通率测试等三部分。

4.5.2　联网调试必须在通信网内各有关交换机和传输系统均已调好的前提下进行，要求已完成本机调试工作，接口及信令配合设备均已调好，接通率也应达到维护指标要求。

4.5.3　网同步检测

根据设计文件确定的交换机时钟等级，进行设计规定的检测项目，要求同步正常，无失步告警现象，滑码指标符合要求。

4.5.4　接口与信令配合

1　线路信号测试

1）带内单频脉冲线路信号，测试时，应根据不同情况，跨接检测仪表（信令测试仪或存储示波器）检测信号的电平、频率与时长，指标应符合设计要求。兼作地址信号时，应测脉冲参数指标。

2）数字型线路信号，测试时，在数字配线架 DDF 跨接 PCM 信令测试仪（EPM11）进行在线检测，其信号配合关系应符合设计文件要求。兼作地址信号时，应测脉冲参数指标。

3）局间直流信号方式，测试时，在模拟局侧信令转换出端跨接信令测试仪或存储示波器记录信号传送情况，结果应符合设计要求，地址信号也用直流传送时，应测脉冲参数。

2 多频记发器信号测试

如果两端都是数字局，一般不进行多频记发器信号检测。如果一端为数字局，一端为模拟局，则应在模拟局中继线上跨接多频信令显示仪测试多频记发器信号。

3 局间接通率测试

1）局间接通率测试，既可采用模拟呼叫器，也可采用人工呼叫，或者两者配合。

2）接入的呼叫话机数，应保证中继线话务量达到 0.8erl/每线。同时摘机呼叫的话机数应不大于模拟局的记发器数。

4.6 割接开通

初验合格后，即可进行割接开通，对于更换机型、使用原有用户电缆与中继线的情况，割接要慎重，既要保证割接正确，又要尽量缩短割接时间。为此，一定要做好准备工作，主要是电缆对号和跳线。

5 质量标准

5.1 主控项目

5.1.1 系统的交换功能应达到通话正常。

5.1.2 系统的维护管理功能应达到系统提供的功能均可检测、可管理、可修复。

5.1.3 系统的信号方式及网络网管功能应达到信令正确、网管功能符合设计要求。

5.2 一般项目

5.2.1 机架安装尺寸（位置、垂直度、水平度）准确，牢固整齐。

5.2.2 数字配线架的安装位置符合设计图规定，端子板、跳线环等应牢固端正，标志齐全。

5.2.3 机盘装插根据设备的机架面板布置图安装，对号插入，装插位置正确。

6　成品保护

6.0.1　安装完毕应保持设备干净，无尘土、无指印。

6.0.2　机房内应采取防尘、防潮、防污染及防水措施。为了防止损坏设备和丢失零部件，应及时关好门窗，门上锁并派专人负责。

6.0.3　散热风扇保持正常，避免烧坏设备。

6.0.4　安装调试程序设置好密码，避免无关人员更改配置。

6.0.5　电源线和跳线保护好，避免无关人员损坏。

7　注意事项

7.1　应注意的质量问题

7.1.1　设备安装平稳、牢固。

7.1.2　设备四周留有一定间隔。

7.1.3　注意电源电压、电源极性。

7.1.4　电源线、地线、跳线连接牢固，且接地装置满足接地电阻$<1\Omega$。

7.1.5　跳线走向明确，有永久性标记。

7.2　应注意的安全问题

7.2.1　严禁无关人员不经允许登录系统更改交换机配置参数。

7.2.2　设备通电调试前，必须检查线路接线是否正确，确认无误后，方可通电调试。

7.2.3　设备搬运时，必须采取有效的防护措施，保护设备及器材不受潮湿和损坏。

7.2.4　保证机房环境满足设计要求，配备足够的有效消防器材。

7.2.5　定期备份系统数据，防止数据丢失。

7.3　应注意的环境问题

7.3.1　施工现场的包装纸盒、塑料包装等废品以及时清理。

7.3.2　机房内必须保证干净整洁，必要时应做防尘、防静电措施。

8　质量记录

8.0.1　数字程控交换机的出厂合格证、入网证明、质量检验报告、产品技术文件。

8.0.2 材料、构配件进场检验记录。

8.0.3 工程安装质量及观感质量检查记录。

8.0.4 系统调试及试运行记录。

8.0.5 分项工程检验批质量验收记录表。

8.0.6 子系统检测记录。

第5章　数字会议系统

本工艺标准适用于一般公用和民用建筑物内的数字会议系统安装工程。

1　引用标准

《智能建筑工程施工规范》GB 50606—2010

《智能建筑工程质量验收规范》GB 50339—2013

《建筑工程施工质量验收统一标准》GB 50300—2013

《建筑电气工程施工质量验收规范》GB 50303—2015

《电子会议系统工程设计规范》GB 50799—2012

《厅堂扩声系统设计规范》GB 50371—2006

《视频显示系统工程技术规范》GB 50464—2008

《红外线同声传译系统工程技术规范》GB 50524—2010

《视频显示系统测量规范》GB/T 50525—2010

2　术语（略）

3　施工准备

3.1　作业条件

3.1.1　作业场地中影响施工的各种障碍物和杂物已被清除。门、窗、门锁装配齐全完整。

3.1.2　施工现场供用电符合施工要求。

3.1.3　设计单位应对施工单位进行设计交底工作，并做好交底记录。

3.1.4　各预留孔洞、预埋件的位置，线管的管径、管路的配置到位及管内预留钢丝等，均应符合设计施工要求。

3.1.5　施工单位应做好与预留、预埋单位的交接工作，并确立与其他专业的配合施工关系，划定工作界面。

3.1.6 应检查施工用机械、仪器仪表是否齐备，并应全部运抵施工现场集中存放。

3.1.7 安装施工人员应持证上岗，安装施工前应对施工人员进行技术交底和安全生产教育，并应有书面记录。

3.2 材料及机具

3.2.1 前端设备：主要包括矩阵主机、控制键盘、长时延录像机（或硬盘录像机）、画面分割器、监视器、控制器、计算机、打印机、不间断电源、中控系统主机等。此类设备均为定型产品，根据设计要求选用相应设备。必须附有产品使用说明书、合格证及有关的技术文件和3C认证标识。产品安装前，必须依据出厂的图纸或技术文件进行全部通电检查，并记录结果，合格后方可安装。

3.2.2 信号处理设备：包括光电转换器、信号放大器、前置放大器、功率放大器、频率均衡器、压缩限制器、视频分配器、音频均衡器、调音台、混音器、延时器等。应根据设计要求选用标准系列产品，并附有产品使用说明书、合格证及相关的技术文件和3C认证标识。产品安装前，必须依据出厂的图纸或技术文件进行通电检查，并记录结果。

3.2.3 传输控制部分：包括分线箱、控制器、电线电缆、光缆、灯光控制器、挂墙开关、无线收发器、红外发射器、多点控制单元（MCU）等。必须符合设计要求的规格型号，有产品合格证及3C认证标识。

3.2.4 终端设备：主要包括摄像机、镜头、云台、护罩、支架、主席单元、会议单元、视频编解码器、音频编解码器、会议话筒、触摸屏、音量控制器等。选用时应根据设计要求的规格型号，并附有产品使用说明书及合格证，且有3C认证标识。安装使用前，应经过全部检查（包括外观及性能检查），方可安装。

3.2.5 软件部分：中控系统配套软件。

3.2.6 同轴电缆或光缆应根据设计要求选用，并有产品合格证及3C认证标识，检测报告。

3.2.7 音频连线应根据设计要求选择相应规格的绝缘导线，并有产品合格证。

3.2.8 不间断电源的选择应根据设计要求选配，必须有产品合格证及有关的技术文件。

3.2.9　手电钻、冲击钻、克丝钳子、剥线钳、电工刀、电烙铁、一字改锥、十字改锥、尖嘴钳、偏口钳、电锡锅。

3.2.10　万用表、工具袋、梯子、水平尺、拉线、500V摇表、线坠。

4　操作工艺

4.1　工艺流程

钢管、金属线槽敷设 → 分线箱安装 → 线路敷设 → 前端设备安装 → 机房设备安装 → 系统调试 → 系统试运行

4.2　钢管金属线槽敷设

4.2.1　钢管敷设具体施工工艺，请按有关章节进行施工。

4.2.2　金属线槽敷设有关安装施工工艺，请按有关章节要求施工。

4.3　分线箱安装

4.3.1　箱体板与框架应与建筑物表面配合严密。安装在地面预留洞内的箱体应能使地面盖板遮盖严密、开启方便。严禁采用电焊或气焊将箱体与预埋管口焊在一起。

4.3.2　明装分线箱安装高度为底边距地1.4m。

4.3.3　明装壁挂式分线箱、端子箱时，先将引线与盒内导线用端子作过渡压接，然后将端子放回接线盒。找准标高进行钻孔，埋入胀管螺栓进行固定。要求箱底与墙面平齐。

4.4　线路敷设

4.4.1　布放线缆应排列整齐，不拧绞，尽量减少交叉，交叉处粗线在下，细线在上，不同电压的线缆应分类绑扎。

4.4.2　管内穿入多根线缆时，线缆之间不得相互拧绞，管内不得有接头，接头必须在线盒（箱）处连接。

4.4.3　线管不便于直接敷设到位时，线管出线终端口与设备接线端子之间，必须采用金属软管连接，不得将线缆直接裸露。

4.4.4　线管穿线过线盒时，必须加护口和锁母，线管（主要是铁管）需对口焊接时，不允许直接对焊，必须在外侧加套管。

4.4.5　进入机柜后的线缆应分别进入机架内分线槽或分别绑扎固定。

4.4.6 远距离传输需要敷设光缆时，所敷设的光缆应预先核对长度，应根据施工图的敷设长度来选配光缆。

4.4.7 远距离传输需要敷设光缆时，其弯曲半径不应小于光缆外径的20倍，光缆的牵引端头应做好技术处理，光缆接头的预留长度不应小于8m。

4.4.8 导线接续应符合以下要求：

1 接续导线前，应检查在布放线缆时是否有划破绝缘层及芯线断裂。

2 并应将已布放的线缆再次进行对地绝缘与线间绝缘检查，检查结果应做详细记录。

3 应检查布放到位的线缆编号与接线端子号是否相符合，相位是否正确。

4 焊接导线时线缆应留有一定的余量，排列应整齐，弧度应一致。

5 焊接线缆时，剥去屏蔽层后裸露的长度不得大于3cm，不得使用酸性焊剂焊接。

6 线鼻子焊接或压接时，应选用与芯线截面积相等的线鼻子，独股的芯线可将线头镀锡后插接或煨钩连接。

7 焊点焊锡应要饱满光滑，不得有虚焊现象，焊点应处理干净，接点处应采用相应的塑料套管做隔离、绝缘及保护。

8 线缆两端必须做线向标记。

9 导线尽量选用厂家工厂预制成品，确保连接质量。

4.4.9 线缆终接应符合以下规定：

1 线缆终接必须使用专用的工具。

2 同一系统中，线缆脚位应一致，同一脚位使用的线缆色标应一致。

3 采用焊接方式终接时，焊点应圆润光滑、无毛刺、无虚焊，线缆裸露部分应使用热缩套管等绝缘体相互隔离。

4 线缆终接长度应留有余量。

5 线缆终接时，失去屏蔽的部分应在25mm以下。

6 同一系统中线缆接续时应保证相位一致，与接插件连接应认准线号、线位色标，不得颠倒接插。

7 双绞线接续时，应保持双绞线的绞合，开绞长度不应超过13mm。

8 终接各种线缆的硬件应采用适配的插头。

9 所有音频信号设备间平衡与非平衡接插件的终接应符合设计要求。

10 线缆终接完成后应进行测试。

4.4.10 扩声系统线缆的敷设及信号连接方式应符合以下要求：

1 定阻输出的扩声系统应选用2～6mm^2的两芯护套线穿管敷设。馈线的总直流电阻应小于扬声器阻抗的1/50～1/100。

2 定压输出的扩声系统应选用线径为1.5～2.5mm^2的两芯护套线穿管敷设。

3 传声器传输线视传声器输出阻抗，定阻输出的传声器输出通常为平衡输出，定压输出的传声器输出通常为非平衡输出。

4 传声器到调音台或前置放大器距离较近时（小于10m），可采用单芯屏蔽电缆非平衡连接。

5 传声器到调音台或前级放大器距离较远时，应采用双芯屏蔽电缆平衡连接。

6 非平衡输出至平衡输入、平衡输出至非平衡输入的连接宜采用双芯屏蔽电缆。

4.4.11 导线查验应符合以下列规定：

1 应参照图纸对前端所有点到位管线是否符合设计图纸的要求。

2 应检查所有线路的标识是否完整、清晰、耐久、正确。

3 应使用专用测试仪表检测每一根导线的通、断，如发现有断路或短路现象，必须立即查明原因并予以解决。

4 兆欧表的电压等级应按现行国家标准《电气装置安装工程　电气设备交接试验标准》GB 50150—2016中相关规定执行。

5 应使用兆欧表对每个回路的导线进行测量。

4.5 前端设备安装

4.5.1 有线会议单元安装应符合下列规定：

1 嵌入式会议单元安装时，应向家具厂家提供产品说明、安装手册及具体开孔位置、尺寸、深度。应分别提供桌台面、座椅后背或扶手内的具体安装要求。设备安装完毕后，应与嵌入面保持在同一平面。

2 移动式安装的有线会议单元之间连接线缆应留有余量，并应做好线缆的固定。

3 菊花链式会议讨论系统中，会议单元的安装时，会议单元之间的端接应牢固可靠。应确保每路线缆连接的会议单元总功耗及延长线功率损耗之和小于会议系统控制主机接口的功率限制。单条延长线缆长度应小于设备的规定数值。超过规定长度，应在规定长度以内接中继器。星型连接式会议讨论系统中，传声器连接的线缆应采用屏蔽电缆，并且宜分开敷设。

4.5.2 无线会议讨论系统设备安装应符合下列规定：

1 红外无线会议讨论系统中，安装红外收发器时应避免将红外辐射板、红外发射主机和接收器暴露于阳光下或安装在接近红外光源的环境中。红外辐射板、红外发射主机和接收器的安装位置距离照明设备应大于0.5m。红外收发器的安装位置应符合设计要求，远离墙壁、柱子及其他障碍物。同一会场内的各个红外收发器到会议控制主机之间的线缆长度应相等。各红外收发器到会议控制主机之间的线缆长度应不超过设备的规定数值，并应避免与强电并行布设。红外收发器安装的高度和方向应符合设计要求，不应有接收盲区。红外收发器进行初步安装后，应通电检测各项功能，音频接收质量应符合设计要求。固定应牢固、可靠。

2 采用射频无线会议讨论系统设备安装时，需确保会场附近没有与本系统相同或相近频段的射频设备工作。

4.5.3 同声传译系统翻译单元的安装应符合以下要求：

1 翻译单元的安装应符合设计要求。

2 译员控制台或带传声器及译员监听耳机的翻译单元，应置放于同声传译室内操作台面上，其安装应稳定可靠，并应易于翻译人员现场操作。

4.5.4 无线红外线同声传译系统红外线辐射单元的安装应符合以下要求：

1 应避免阳光直射，远离照明设备。

2 应避免墙壁、柱子及其他障碍物形成的遮挡。

3 应使每个会议单元可与一个以上辐射单元通信。

4 应充分利用房间的高度，安装在代表座位上方的天花板或支撑结构上，固定应稳定可靠。

5 壁挂式安装时，应先在墙壁上进行定位，再将安装支架固定在墙壁上。多个红外线收发器安装高度应一致，安装固定应稳定可靠。

6 吸顶式安装时，应先在天花板上进行定位，再将安装支架固定在天花板上。周围不应有破损现象，红外线收发器面不应有损伤，其安装固定应稳定可靠。

4.5.5 会议签到管理系统设备的安装应符合下列规定：

1 安装位置和高度必须符合设计要求。

2 会议签到门的宽度应小于会议签到主机的感应距离。

3 IC卡发卡器宜安装在会务管理中心或控制室内的操作台面上，并应方便操作人员的操作与管理。

4 会议签到信息显示屏的安装应按设计要求安装在会场出入口处，安装应稳定牢固。

4.5.6 扬声器的安装应符合以下规定：

1 扬声器箱及扬声器箱组群的安装应符合设计要求。固定要安全可靠，水平角、俯仰角应能在设计要求的范围内灵活调整。

2 在会议室顶部、吊顶内、夹层内利用建筑结构固定扬声器箱支架或吊杆等附件时，需在建筑结构上钻孔、电焊等，必须检查建筑结构的承重能力，征得有关部门的批准后方可施工。

3 暗敷扬声器正面透声结构应符合装饰、装修设计要求，同时应与相关专业施工单位进行工序交接和接口关系核实与确认。

4 以建筑装饰物为掩体安装（暗装）的扬声器箱，其正面不得直接接触装饰物。

5 扬声器箱采用支架或吊杆安装（明装）应安全可靠，音频指向和覆盖范围应能满足设计要求。

6 接触安装扬声器箱体除设计有要求之外，可不做减震处理。

7 小型壁挂式扬声器箱体可采用热镀锌膨胀螺栓固定。

8 吸顶式扬声器安装在石膏板或者矿棉板等轻软质板材上时，应在背面加衬厚度3～5mm的硬质板材，增强其承重能力后进行安装。

9 安装在扬声器组合架上的扬声器箱，固定应牢固可靠，螺栓、螺母不得有松动现象。

4.5.7 投影幕的安装应符合下列规定：

1 投影软幕宜安装在暗盒内，暗盒的尺寸应比投影幕尺寸略大。

2 室内投影幕安装宜在表面居中。

3 投影硬幕应在屏框上固定牢固，应为变形和热胀冷缩留出余量。

4 两个或多个硬幕拼接安装时，幕与幕的连接处应进行缝合。

5 屏框的装饰应与室内装饰风格协调一致。

4.5.8 投影机的安装应符合下列规定：

1 应根据镜头的焦距、屏幕尺寸和反射次数计算出安装位置。

2 投影机距投影幕的距离应取安装距离范围的中值，如遇障碍物可适当调整。

3 投影机的水平方向安装位置应与投影幕水平方向居中对称。

4 投影机应避开照明灯和消防喷淋设施进行吊装。

5 外露式背投影显示系统的投影机、投影幕和反射镜应固定牢固，支架应直接固定在墙体或地面上。

4.5.9 摄像机安装应符合下列规定：

1 在满足摄像目标视场范围要求的条件下，会议室内安装高度离地不宜低于 2.5m。

2 摄像机安装应牢固，运转应灵活，应注意防破坏。

3 在强电磁干扰环境下，摄像机安装应与地绝缘隔离。

4 摄像机宜采取集中供电。

5 安装分体式摄像系统时，编码器应在摄像机附近或吊顶内就近安装。

6 吊顶安装摄像机时，应预留有检修孔。

7 摄像机连接线缆外露部分应用软管保护。

8 云台的安装应牢固，转动应灵活无晃动。

4.5.10 会议显示系统的显示设备，从室外或其他温度及湿度差异较大的空间搬入安装空间时，应存放不少于 6h 再进行设备安装作业，不得立即打开设备的包装。拼接显示系统的显示单元在打开包装后，应存放不少于 1h 再进行设备安装作业，不得立即进行设备安装作业。

4.5.11 信号源到显示设备之间的连接应尽量直接，减少中间设备和接插件对显示效果的影响。

4.6 机房设备安装

4.6.1 机房设备布置应保证适当的维护间距，机架与墙的净距不应小于 1500mm；机背和机侧（需维护时）与墙的净距不应小于 800mm。当设备按列布置时，列间净距不应小于 1000mm；若列间有座席时，列间净距不应小于

1500mm。

4.6.2 控制台安装位置应符合设计要求。控制台安放竖直，台面水平；附件完整，无损伤，螺丝紧固，台面整洁无划痕，台内接插件和设备接触应可靠，安装应牢固，内部接线应符合设计要求，无扭曲脱落现象。

4.6.3 所有控制键盘、监视器等设备的安装应平稳，摆放整齐，便于操作。监视器屏幕应避免环境光直射。

4.6.4 信号处理设备应在机柜内或控制台上安装牢固，设备之间应留有合理间隙，并按要求接地。

4.6.5 机架应排列整齐，有利于通风散热，相邻机架的架面和主走道机架侧面均应成直线，误差不应大于2mm。

4.6.6 控制室内所有线缆应根据设备安装位置设置电缆槽和进线孔，排列、捆扎整齐，编号，并宜有永久性标志。

4.6.7 在控制台、机柜（架）内安装的设备内部接插件与设备连接应牢固。

4.6.8 功放设备宜安装在控制台的操作人员能直接监视的部位，其中音源设备、调音台、周边设备、功率放大器等宜放在同一个机柜内。

4.7 系统调试

4.7.1 各类设备的型号及安装位置应符合设计要求。

4.7.2 系统缆线规格与型号应符合设计要求，没有虚焊、错接、漏接和短路现象，插接件应牢固，焊接应无虚焊和毛刺，施工质量检验合格。

4.7.3 系统设备的电压、极性、相位等应符合设计要求。

4.7.4 系统开通前必须首先确认设备本身不存在问题和故障。

4.7.5 通电前应将各设备开关、旋钮置于规定位置。

4.7.6 会议系统的调试应按先设备后系统的顺序进行。

4.7.7 会议讨论系统的调试：

1 会议讨论系统设备调试应包括：代表传声器发言开/关键控制；会议主席用的传声器优先权控制；会议控制主机发言管理模式、自由讨论模式、单一代表发言模式、优先模式等。

2 每一个会议单元的工作应确保状态正常，开关指示正确。

3 调试多种语言会议形式时，同时打开主席传声器和任意一位代表传声器，当下一位代表打开其传声器时，前一位代表传声器应被关闭，这种形式的会议与同声传译系统相结合，发言者的声音将传送到译员处，然后与译员的声音一起传送出去。

4 调试会议讨论形式时，同一会场每一代表可通过按下传声器开/关键进行发言。

5 调试单一代表发言模式时，主席拥有自由发言权，在前一位代表发言当中，另一位代表按下传声器开/关键，前一位代表传声器随即关闭，会场应只有主席加一位代表同时发言。

6 当代表进入发言状态时，其他会议代表应清晰听到会议内容。

4.7.8 同声传译系统的调试：

1 红外线同声传译系统的调试应打开设备的电源，待系统稳定后，调节红外线发射主机的发射信号强度，在红外线发射主机有效的覆盖范围内，随意移动接收器，接收器的接收信号强度指示正常。

2 每一个译员控制台应进行单独调试，确保该控制台的声音可以被切换到任意频道，并且任意一个接收机都可以在不同频道清晰地听到该译员的译音。

3 按照系统设计的最大容量，应对所有译员控制台进行同时调试，确保每一控制台的声音可以被切换到相应的频道，任意一个接收机应清晰地听到每一个频道的声音，没有串音。

4.7.9 投票表决系统的调试：

1 投票表决系统应对请求发言登记、接收屏幕显示资料、内部通信、电子表决、发言和表决的授权核对、显示请求名单和表决结果等功能进行调试。

2 有线表决系统应检查每一个表决器连接线是否连接正确、并牢固可靠。

3 应逐一按下表决键，查看表决键上的显示灯是否点亮，屏幕上是否显示正确表决提示。

4 在公开表决时，按下表决键后键上的提示灯应点亮；在不记名表决时，所有键上的提示灯应点亮，并不应看到投票表决选择。

5 应检查表决管理软件模块的投票表决管理、排位管理及人员管理等功能是否运行正常。

4.7.10 签到管理系统的调试：

1 会场出入口签到管理系统应对智能卡管理和识别代表身份等功能进行调试。

2　会议签到机应准确识别并记录参会人员信息。

3　系统应同时对多台签到机接收的参会人员信息进行实时采集和处理。应实时显示参会人员基本信息和签到情况，并应实现参会人员出席签到、身份认证、统计、查询、检索等各项管理工作，签到情况均可实时显示在各种屏幕上。

4　进行现场制卡，丢失卡禁用、补办，临时参会人员办卡。

5　添加、删除系统操作人员、设置系统管理权限功能应符合设计要求。

6　应进行参会人员信息的统计、分类和打印等功能调试。

4.7.11　会议扩声系统的调试

1　设备初次通电时必须预热并观察半小时，无异常现象后方可进行正常操作。音响设备开、关机顺序应按由前到后顺序开机，即由音源设备（CD 机、LD 机、DVD 机、录音机、录像机）、音频处理设备（压限器、激励器、效果器、分频器、均衡器等）到音频功率放大器到显示器、投影机等。关机时顺序相反，应先关功放。这样操作可以防止开、关机对设备的冲击，防止烧毁功放和扬声器。

2　系统若有调音台或均衡器，需要进行系统最佳补偿调整。

3　调试时，扩声系统中调音台的多频补偿置于“平直”位置，功率放大器若有音调补偿时，应置于正常位置。若功率放大器有音调补偿应置于正常位置。

4　厅堂内被测点的声压级至少应高于会场背景噪声 15dB。混响时间及再生混响时间测量时信噪比至少应满足 35dB。

5　各项调试可在空场或满场条件下进行。

6　扩声系统开启后，应先用音频测试信号检查各信号是否通畅。

7　应将音频测试信号或节目源信号馈入系统输入端，按各通路分别检查相应扬声器扩声是否正常，是否有机械振动声音。中断音频信号和节目源信号后，扬声器应无明显本底噪音和交流声。

8　应用两只传声器同时拾音分别馈入系统两路信道，检查传声器输入相位是否一致。

9　应检查各个设备的功能键，操作或控制按键均应准确、灵敏，信号显示正常。

10　对于传声器的调试一般要分类进行，人声、乐器用的有线传声器通常需要日常使用者配合完成，调试时需要了解好各人、各乐器最合理的传声器型号和使用距离，音质好，没有可闻的线路噪声即可；而无线传声器需要注意：天线的位置要合理，传声器使用时的死点和反馈点要足够少，并详细对位置作好记录，接收机的信号增益要适可，噪声抑制的微调旋钮要反复调试等。

11 均衡器的调试：将噪声发生器和均衡器接入系统，准备好频谱仪，按照国家有关厅堂扩声质量测试要求，将频谱仪设置在相应的地方。然后以适中的音量对粉红色噪声信号扩声，在 20-20kHz 的音频范围内，细致微小地调节均衡器的各个频点，在保持音量一致的前提下，使得频谱仪显示的房间频响曲线在各个测试点处基本平直，并且记录好均衡器各频点的位置。同样在音量较小和额定的音量下，再对均衡器进行调试，并记录好，最后将这些记录好的均衡器频点进行相应的折中处理，再利用频谱仪的高一级的档位进行测试，适当修正后就可以确定好均衡器的频点位置了。注意，在进行均衡器的调试时，调音台的频率均衡点一定要在 0 处，其他周边处理设备要处在旁路状态。另外，考虑到普通人的听音习惯，可以将均衡器 10k 以上的信号适当做一些衰减。

12 效果器的调试：对于效果器的调试工程要求都不严格，只要将信号的输入和输出增益调试合理，保证有一定的余量，并且将混响时间和延时量限制在一定范围，以免影响语言的清晰度和信号的连续性即可。

13 压限器的调试：一般要在其他设备调试基本完成后再进行。压缩比在一般的工程中设定为 4∶1 左右。在设定压限器上的噪声门时，可以这样：如果系统没有什么噪声，可以将噪声门关闭，如果有一定的噪声，可以将噪声门的门槛电平设置在比较低的位置，以免造成信号断断续续的打嗝现象。

14 分频器的调试：将电子分频器接入系统，进行分频器的调试。对于仅作为低音音箱分频的分频器，可以在均衡器调试结束后，让低音系统单独工作，将分频器的分频点取在 150～300Hz 处，适当调整低音信号的增益，感觉音量适合即可，然后与全频系统一道试听，平衡低音和全频音量；对于作为全频系统的分频器，一定要尽量参照音箱厂家推荐的分频点进行设定，然后反复调整各频段信号的增益，直到听感比较平衡后，再参照后面的声压级测试对增益做进一步的微调即可。

15 应按照设计要求对扩声系统的各项声学指标进行调试。

16 调试完成后，各开关、旋钮应保留在最佳位置，并做好标识，逐一关闭设备的电源。

17　测点的选择。所有测点必须离墙 1.5m 以远；测点距地高度为 1.1～1.2m。对于有楼座的会场，测点应包括楼座区域。对于对称会场，测点可在中心线的一侧（包括中心线）区域内选取；对于非对称厅堂，应增加三分之二数量的测点。传输频率特性、传声增益、最大声压级、系统失真和反射声时间分布的测点数不得少于全场座席的千分之五，并最少不得少于八点。声场不均匀度的测点数不得少于全场座席的六十分之一。测点可以是中心线一列，在左半场（或右半场）再均匀取 1～2 列。每隔一排或几排进行选点测量。混响时间及再生混响时间测量，空场时不少于五点，满场时不少于三点。满场测点须与空场测点重合。总噪声及背景噪声测量只在空场条件下进行。混响时间及反射声时间分布测量需要时可增设主席台（舞台）上的测点。对于非对称会场，应增加三分之二数量的测点。

4.7.12　会议显示系统的调试：

1　会议显示系统设备接通电源前，应做如下检查：确认电源连接是否正确和牢固，确认电源极性是否正确。测试供电系统的电压是否在正常范围内。确认信号线的终接和连接是否正确。确认设备、机柜和安装支架的接地是否正确。清理设备本身的灰尘。

2　会议显示系统调试时，应使用信号发生器或设备自带的图样对显示设备的色彩、亮度、对比度、色温进行调节，对显示设备的相位、垂直位移、水平位移、梯形特性进行调节，对信号处理设备的增益、电平等参数进行调节。

3　拼接融合显示系统应调节融合带亮度、色温、对比度和色彩值，使以融合方式显示时，在合理的视距范围内，图像不应发生变形、扭曲、裁剪或重叠，色彩和亮度均匀一致。

4　应对信号处理设备的每一个输入输出接口进行调试和测试。

5　应对显示终端的每一个输入输出接口进行调试和测试。

6　调试时不得触摸显示设备的屏幕、反射镜、镜头，必要时必须用吹刷除去灰尘，用软干布和专用清洁剂擦拭，不得使用湿布、清洁剂或强烈溶剂（稀释剂）清洁设备。

7　会议显示系统应根据信号源质量和类型，将显示系统的清晰度和分辨率调试到系统设计数值或整个系统支持的最佳数值。（条文说明：包括显示终端和信号处理设备等设备）

8 会议显示系统显示的各类视频信号应清晰、无扭曲、无变形、无明显重影和拖尾。

9 无纸化会议系统升降功能集中控制和独立控制正确到位。

4.7.13 会议摄像系统的调试：

1 对各个摄像机逐个进行通电检查，工作正常后方可进行系统调试。

2 调整监视器、图像处理器、编码器、解码器等设备，保证工作正常，满足设计要求。

3 检查并调试摄像机的摄像范围、聚焦等，使图像清晰度、灰度等级达到系统设计要求。

4 检查并调整摄像机的控制功能，如转动、变焦、聚焦、光圈调整功能等，排除遥控延迟和机械冲击等潜在隐患。

5 具备自动跟踪功能的摄像系统应与会议讨论系统相配合，进行预置位调试数量，并检查摄像机的预置位调用功能是否正常。

6 检查并调整视频切换控制设备的操作程序、图像切换、字符叠加等功能，保证工作正常，满足设计要求。

4.7.14 会议录播系统的调试：

1 系统在通电前应检查供电设备的电压、极性、相位等。

2 对各个设备逐个进行通电检查，工作正常后方可进行系统调试，并做好调试记录。

3 应调整编码器、解码器、录播服务器等设备的参数，满足设计的技术指标和功能要求。

4 应对接入会议录播系统的每一个信号接口进行调试和测试。

5 应根据网络状况、存储空间等运行环境因素将会议录播系统的功能参数调整到最佳。

6 会议录播系统在配合拼接显示系统使用时，应确保多块拼接屏幕之间的同步录制和回放显示。

7 会议录播系统在配合边缘融合显示系统使用时，应确保可消除多个信号的重叠部分。

8 应调节设备输出图像色彩和亮度，达到均匀一致。

9 应根据使用模式设置，调试相应的录制及播放模式。

4.7.15　集中控制系统的调试：

1　集中控制系统应根据设计要求编写控制程序和控制代码。

2　集中控制系统应先进行单台设备的控制调试，再进行系统的控制调试。

3　根据调试情况和使用环境，对设备的参数进行微调。

4　调试集中控制系统对整个电子会议系统设备的电源开关控制，并能单独控制显示设备的电源开关。（条文说明：对会议扩声系统的电源开关控制应遵守会议扩声设备的开关顺序要求）

5　应根据设计要求逐一调试集中控制系统的各项控制功能。

6　应根据设计要求，设置相应的应用模式，并调试各种应用模式下的控制功能。

7　控制界面应具备设备和系统控制状态的回显功能，控制界面的字形、术语和图标的选用应易于辨认和理解，字体和图标的大小应便于观看。

8　控制界面应使用中文标识（客户有特殊要求的除外），界面应简明、易懂，必要时可用图标代替文字说明。

9　控制界面应设置密码，需输入有效密码进行系统的控制。

4.8　系统试运行

4.8.1　系统应在调试合格，且调试方案经建设单位认可后进行试运行。试运行期间，应做好试运行记录。

4.8.2　测量出各系统单独运行和总体运行时供电线路各相的电流：可以利用钳流表对各相分时间、分运行设备的数量分别测量，如果发现实际测量值与理论值有较大差距，或各相电流分配比例差距较大，或者线路电流有超常现象，必须重新进行整改，以保证用电安全。

4.8.3　检查各个设备在满负荷运行和长时间运行时的工作稳定性：会议传声器声道音质的变化，会议讨论主机控制性能变化及稳定性情况，各设备长时间工作时产生的噪声情况等。

4.8.4　检查各个设备在满负荷运行和长时间运行时的发热情况：系统在运行中肯定会有不同程度的发热，特别是供电线路和设备的发热状况，将直接关系到系统的安全性，因此应该引起高度重视。

4.8.5　调试结果和问题的记录

1　记录的结果包括：设备的位置编号、设备的设定状态、调试时的测试数据，相关程序编辑的信息等；

2　记录的问题包括：设备工作环境的问题、设备干扰的问题、设备运行状况的问题、与会议讨论工作无关但影响系统运行的问题等。

4.8.6　系统试运行时间宜为 30h，且每 2h 记录 1 次运行状态。

4.8.7　系统试运行应达到设计要求。

4.8.8　系统试运行结束，建设单位应根据试运行记录写出系统试运行报告。其内容应包括试运行起止日期；试运行过程是否有故障；故障产生的日期、次数、原因和排除状况；系统功能是否符合设计要求及综合评述。

4.8.9　系统试运行期间，设计、施工单位应配合建设单位建立系统值勤、操作和维护管理制度。

4.8.10　系统应编制“使用手册”并将手册作为教材，培训使用。

5　质量标准

5.1　主控项目

5.1.1　会议系统功能达到设计文件和合同相关技术条款的要求。

检验方法：现场功能演示。

5.2　一般项目

5.2.1　会议声音质量按照表 5-1 声音质量主观评价五级评分制进行综合主观评价，得分值不应低于 4 分。评价内容应包括声音响度，语言清晰度，声音方向感，声反馈，系统噪声，声干扰以及混响时间等内容。

声音质量主观评价五级评分制　　表 5-1

声音质量主观评价	评分等级
声音质量极佳，十分满意	5 分（优）
声音质量好，比较满意	4 分（良）
声音质量一般，尚可接受	3 分（中）
声音质量差，勉强能听	2 分（差）
声音质量低劣，无法忍受	1 分（劣）

5.2.2　会议图像显示效果质量按照表 5-2 图像质量主观评价五级评分制进行综合主观评价，得分值不应低于 4 分。评价内容应包括图像清晰度、亮度、对比度、色彩还原性、图像色彩及色饱和度等内容。

图像质量主观评价五级评分制　　　　**表 5-2**

图像质量主观评价	评分等级
图像质量极佳，十分满意	5 分（优）
图像质量好，比较满意	4 分（良）
图像质量一般，尚可接受	3 分（中）
图像质量差，勉强能看	2 分（差）
图像质量低劣，无法观看	1 分（劣）

6　成品保护

6.0.1　设备安装时，应注意保持吊顶、墙面整洁。

6.0.2　其他设备安装或摆放时应注意不得碰撞及损伤。

6.0.3　机房内应采取防尘、防潮、防污染及防水措施。为了防止损坏设备和丢失零部件，应及时关好门窗，门上锁并派专人负责。

7　注意事项

7.1　应注意的质量问题

7.1.1　设备之间、干线与端子之间连接不牢固，应及时检查，将松动处紧牢固。

7.1.2　使用屏蔽线时，外铜网与芯线相碰，按要求外铜网应与芯线分开，压接应特别注意。

7.1.3　由于屏蔽线或设备未接地，会造成干扰。应按要求将屏蔽线和设备的地线压接好。

7.1.4　修补浆活时，设备如被污染或安装孔开得过大，应将污物擦净，并将缝隙修补好，再安装设备。

7.1.5　同一区域内的设备如果标高不一致。在安装前应找准位置，如标高的差距超出允许偏差范围应调整到规定范围内，在桌面摆放的设备（如会议话筒、投票器、表决器、耳机等）应横、竖排列整齐。

7.1.6　扩声系统的功率放大器应采用数个小容量功率放大器集中设置在同一机房的方式，用合理的布线和切换系统，保证会议室在损坏一台功放时，不造成会场扩声中断。

7.2 应注意的安全问题

7.2.1 施工人员在进场前应进行安全文明教育。

7.2.2 施工现场室外运输和搬运，在气候条件恶劣的情况下，必须采取有效的防护措施，保护设备及器材不受潮湿和损坏。室内搬运时，必须具备良好的照明条件和安全保护措施。

7.2.3 搬运重大物体时，必须遵守起重搬运工作安全操作规程的有关规定与要求。

7.2.4 搬运过程中应注意保护建筑物周围和建筑物内部设施的完好，必要时应做好防护措施。

7.2.5 交叉作业时应注意周围环境，禁止随意堆放工具和材料。

7.2.6 在高空安装大型设备时，必须搭设脚手架。

7.2.7 沟、槽、坑、洞及危险场所应设置红灯示警。

7.2.8 各种电动机械设备必须有可靠安全接地，传动部分必须有防护罩。

7.2.9 手持电动工具，必须装设触（漏）电保护器。

7.2.10 设备通电调试前，必须检查线路接线是否正确，确认无误后，方可通电调试。

7.3 应注意的环境问题

7.3.1 施工现场的垃圾、废料应分类堆放在指定地方，及时清运并洒水降尘，严禁随意抛撒。

7.3.2 现场强噪声施工机具，应采取相应措施，最大限度降低噪声。

8 质量记录

8.0.1 材料及设备的出厂合格证、安装技术文件、质量检验报告。

8.0.2 材料、构配件进场检验记录。

8.0.3 隐蔽工程检验记录。

8.0.4 工程安装质量及观感质量检查记录。

8.0.5 系统试运行记录。

8.0.6 分项工程检验批质量验收记录表。

8.0.7 子系统检测记录。

第6章 广播系统

本工艺标准适用于一般公用和民用建筑物内的广播系统安装工程。

1 引用标准

《智能建筑工程施工规范》GB 50606—2010

《智能建筑工程质量验收规范》GB 50339—2013

《建筑工程施工质量验收统一标准》GB 50300—2013

《建筑电气工程施工质量验收规范》GB 50303—2015

《厅堂扩声系统设计规范》GB 50371—2006

《火灾自动报警系统设计规范》GB 50116—2013

《火灾自动报警系统施工及验收规范》GB 50166—2007

2 术语（略）

3 施工准备

3.1 作业条件

3.1.1 机房内土建工程应内装修完毕，门、窗、门锁装配齐全完整。

3.1.2 机房内及外围的布线线缆沟、槽、管、盒、箱施工完毕。

3.1.3 大型机柜的基础槽钢设置完成。

3.1.4 吊顶的扬声器预留孔按实际尺寸已经留好，音箱吊架安装预留。

3.1.5 线缆绝缘电阻摇测值大于 0.5MΩ。

3.2 材料及机具

3.2.1 喇叭（扬声器）：有电动式、静电式、电磁式和离子式等多种。其中，电动式扬声器应用最广，它又分纸盒扬声器和号筒扬声器两种。选用时应根据设计要求的规格、型号，注意标称功率和阻抗等参数，并有产品合格证。

3.2.2 声箱：它包括喇叭（扬声器）、箱体、护罩等附件，是定型产品，选用时应符合设计要求的规格型号，并有产品合格证。

3.2.3 分线箱、端子箱：干路与支路分线路之用，箱体采用定型产品。并附有产品合格证。

3.2.4 外接插座：为广播专用插座，采用定型产品并附有产品合格证。

3.2.5 功放：应根据扩声系统的音质标准和所需容量选择相应等级和规格的产品。根据设计要求进行选择，并有产品合格证。

3.2.6 声频处理设备：它包括频率均衡器、人工混响器、延时器、压缩器、限幅器以及噪声增益自动控制器等。应根据设计要求选用定型产品，并有产品合格证。

3.2.7 其他音响设备：如唱机、收录机、话筒、控制电源、稳压电源等设备，都必须符合设计要求的规格型号。

3.2.8 电缆应根据设计要求选用：客房服务性广播线路宜采用铜芯多芯电缆或铜芯塑料绞合线。其他广播线路宜采用铜芯塑料绞合线。各种节目信号线应采用屏蔽线。火灾事故广播线路应采用阻燃型铜芯电缆或耐火型铜芯电线电缆。并有产品合格证和检测报告。

3.2.9 不间断电源的选择：应根据设计要求选配，必须有产品合格证及有关的技术文件。

3.2.10 镀锌材料：金属线槽、镀锌钢管、机螺丝、平垫、弹簧垫圈、金属膨胀螺栓、金属软管等。

3.2.11 其他材料：塑料胀管、接线端子、钻头、焊锡、绝缘胶布、塑料胶布、各类插头等。手电钻、冲击钻、克丝钳子、剥线钳、电工刀、电烙铁、一字改锥、十字改锥、尖嘴钳、偏口钳。万用表、工具袋、梯子、水平尺、拉线、500V摇表、线坠。

4 操作工艺

4.1 工艺流程

钢管及金属线槽安装 → 分线箱安装 → 线缆敷设 → 前端设备安装 → 机房设备安装 → 系统调试

4.2　钢管、金属线槽安装

4.2.1　钢管敷设具体施工工艺，请按有关章节进行施工。

4.2.2　金属线槽敷设有关安装施工工艺，请按有关章节要求施工。

4.3　分线箱安装

4.3.1　暗装箱体面板应与建筑装饰面配合严密。严禁采用电焊或气焊将箱体与预埋管口焊在一起。

4.3.2　明装分线箱安装高度为底边距地1.4m。

4.3.3　明装壁挂式分线箱、端子箱或声柱箱时，先将引线与盒内导线用端子作过渡压接，然后将端子放回接线盒。找准标高进行钻孔，埋入胀管螺栓进行固定。要求箱底与墙面平齐。

4.3.4　线管不便于直接敷设到位时，线管出线终端口与设备接线端子之间，不得将线缆直接裸露，必须采用金属软管连接，金属软管长度不大于1m。

4.4　线缆敷设

4.4.1　广播系统传输电压在120V以下，线路采用穿钢管或线槽铺设，不得与照明、电力线同线槽敷设。火灾事故广播线路应采取防火保护措施。

4.4.2　敷设于天花板内的公共广播线路，其传输信号电压不应大于100V。

4.4.3　公共广播线路的衰减不应大于3dB（室内），室外线路衰减不应大于6dB。

4.4.4　布放线缆应排列整齐，不拧绞，尽量减少交叉，交叉处粗线在下，细线在上。

4.4.5　管内穿线不应有接头，接头必须在线盒（箱）处接续。

4.4.6　电缆从机架、操作台底部引入，将电缆顺着所盘方向理直，引入机架时成捆绑扎。

4.4.7　所敷设的线缆两端必须做标记。

4.5　前端设备安装

4.5.1　扬声器的安装应符合设计要求，固定要安全可靠，水平角和俯角、仰角应能在设计要求的范围内灵活调整。

4.5.2　吊顶内、夹层内利用建筑结构固定扬声器箱支架或吊杆等附件，须在结构上钻孔、电焊等，必须检查建筑结构的承重能力，征得设计同意后方可施工；在灯杆等其他物体上悬挂大型扬声器时，也必须根据其承重能力，征得设计同意后安装。

4.5.3 以建筑装饰为掩体安装的扬声器箱，其正面不得直接接触装饰物，与装饰物间垫软垫防止共振。

4.5.4 具有不同功率和阻抗的成套扬声器，事先按设计要求将所需接用的线间变压器的端头焊出引线，剥去10～15mm绝缘外皮待用。

4.5.5 如需现场组装的喇叭，线间变压器、喇叭箱应按设计图要求预制组装好。

4.5.6 明装声柱：根据设计要求的高度和角度位置预先设置胀管螺栓或预埋吊挂件。

4.5.7 紧急广播系统，按设计说明（产品说明书）正确连接广播线。

4.5.8 会场、多功能厅、大型组合声柱箱安装时，应按图挂装并有一定的倾斜角度。

4.5.9 外接插座面板安装前盒子应收口平齐，内部清理干净，导线接头压接牢固。面板安装平整。

4.5.10 音量控制器安装时应将盒内清理干净，再将控制器安装平整、牢固。

4.5.11 吸顶式扬声器安装时，将扬声器引线用端子与盒内导线连接好，然后将端子放回接线盒，使扬声器与顶棚贴紧，用螺钉将喇叭固定在吊顶支架板上。当采用弹簧固定喇叭时，将喇叭托入吊顶内再拉伸弹簧，将喇叭罩勾住并使其紧贴在顶棚上，并找正位置。

4.6 机房设备安装

4.6.1 机架安装竖直平稳；机架侧面与墙、背面与墙距离不小于0.8m，以便于检修；设备安装于机架内牢固、端正。

4.6.2 当大型机柜采用槽钢基础时，应先检查槽钢基础是否平直，其尺寸是否满足机柜尺寸。当机柜直接稳装在地面时，应先根据设计图要求在地面上弹上线。

4.6.3 根据机柜内固定孔距，在基础槽钢上或地面钻孔，多台排列时，应从一端开始安装，逐台对准孔位，用镀锌螺栓固定。然后拉线找平直、再将各种地脚螺栓及柜体用螺栓拧紧、牢固，连成整体机柜。

4.6.4 机柜单个独立安装或多个并列安装应达到横平、竖直；机柜上设备安装顺序应符合设计要求，设备面板排列整齐，带轨道的设备应推拉灵活。

4.6.5　安装控制台要摆放整齐，安装位置应符合设计要求。

4.6.6　设有收扩音机、录音机、电唱机、激光唱机等组合音响设备系统时，应根据提供设备的厂方技术要求，逐台将各设备装入机柜，上好螺栓，固定平整。

4.6.7　当扩音机等设备为桌上静置式时，先将专用桌放置好，再进行设备安装，连接各支路导线。

4.6.8　音源设备要有可外接设备的USB端口和RJ45网络端口。

4.6.9　广播主机的软件安装到位，电子锁安装到位，分区设置按设计划分完成。

4.6.10　监听设备安装到位，接线正确。

4.7　系统调试

4.7.1　传输线缆检查，将已布放的线缆再次进行对地与线间绝缘摇测，绝缘电阻大于0.5MΩ。机房设备采用专用导线将各设备进行连接，各支路导线线头压接好，设备及屏蔽线应压接好保护地线。接地电阻值不应大于1Ω。

4.7.2　设备安装完后，各设备采取单独调试，然后系统统调。

4.7.3　调试由机房内监听各路广播的音质效果并调整各路功放的输出，以保证各路音源的音量一致，并要进行现场监听。

4.7.4　调试完毕后应经过有关人员进行验收后交付使用，并办理验收手续。

4.7.5　系统“使用手册”要与现场设备逐一核对，使用维护功能描述完整。

5　质量标准

5.1　主控项目

5.1.1　系统的输入、输出不平衡度，音频线的敷设、接地形式及安装质量应符合设计要求，设备之间阻抗匹配合理。

5.1.2　放声系统应分布合理，符合设计要求。

5.1.3　最高输出电平、输出信噪比、声压级和频宽的技术指标应符合设计要求。

5.1.4　通过对响度、音色和音质的主观评价，评定系统的音响效果。

5.1.5　屏蔽线和设备保护地线不应大于4Ω。

5.2 一般项目

5.2.1 喇叭、声柱箱、控制器、插座板等器具安装牢固、可靠，导线连接排列整齐，线号正确、清晰。

5.2.2 自立式柜如果设置在活动地板上，基础槽钢必须在地面内生根。大型自立式柜或多台柜不允许浮摆在活动地板上。

5.2.3 同一室内的吸顶喇叭应排列均匀，成行，成线。所装的喇叭箱、控制器、插座等标高应一致，平整牢固。喇叭周围不允许有破口现象，装饰罩不应有损伤，并且应平整。

5.2.4 各设备导线连接正确、可靠、牢固。箱内电缆（线）应排列整齐，线路编号正确清晰。线路较多时应绑扎成束，并在箱（盒）内留有适当余量。

5.2.5 自立式柜安装应牢固、平正，其垂直度允许偏差1.5/1000；成排柜在同一立面上的水平度允许偏差3mm；柜间连接缝不得大于2mm。

5.2.6 基础槽钢应平直，允许偏差1/1000，但全长不得超出3mm。基础槽钢应可靠地接地。稳装后，其顶部应高出地面10mm。

6 成品保护

6.0.1 安装扬声器（箱）时，应注意保持吊顶、墙面整洁。

6.0.2 其他工种作业时，应注意不得碰撞及损伤喇叭箱或护罩。

6.0.3 机房内应采取防尘、防潮、防污染及防水措施。为了防止损坏设备和丢失零部件，应及时关好门窗，门上锁并派专人负责。

7 注意事项

7.1 应注意的质量问题

7.1.1 设备之间、干线与端子之间连接不牢固，应及时检查，将松动处紧牢固。

7.1.2 使用屏蔽线时，外铜网与芯线容易相碰，按要求外铜网应与芯线分开，压接应特别注意。

7.1.3 由于屏蔽线或设备未接地，会造成干扰。应按要求将屏蔽线和设备的地线压接好。

7.1.4 扬声器接线不牢固、阻抗不匹配，造成无声或音量不合要求，应及时进行修复，并更换不适合的设备。

7.1.5 大型喇叭箱安装不牢、不平整，音量较大时会产生共振。应将喇叭箱安装牢固，并且安装位置准确。

7.1.6 喇叭的护罩被碰扁，应及时修复或更换。

7.1.7 修补浆活时，扬声器被污染，或安装孔开得过大。应将污物擦净，并将缝隙修补好，再安装扬声器。

7.1.8 同一室内扬声器的排列间距不均匀，标高不一致。在安装前应弹好线，找准位置，如标高的差距超出允许偏差范围应调整到规定范围内。

7.1.9 作为火灾发生以后的联动单元，对线路、管线有较高要求，应当至少使用阻燃电缆，暗敷管线，明敷线路必须使用金属管，涂防火漆，扬声器末端线路不得使用PVC软管而应当使用金属软管等。

7.2 应注意的安全问题

7.2.1 施工人员在进场前应进行安全文明教育。

7.2.2 施工现场室外运输和搬运，在气候条件恶劣的情况下，必须采取有效的防护措施，保护设备及器材不受潮湿和损坏。室内搬运时，必须具备良好的照明条件和安全保护措施。

7.2.3 交叉作业时应注意周围环境，禁止随意堆放或乱抛工具和材料。

7.2.4 在高空安装大型设备时，必须搭设脚手架。

7.2.5 各种电动机械设备，必须有可靠、安全接地，传动部分必须有防护罩。

7.2.6 手持电动工具，必须装设触（漏）电保护器。

7.2.7 设备通电调试前，必须检查线路接线是否正确，确认无误后，方可通电调试。

7.3 应注意的绿色施工问题

7.3.1 施工现场的垃圾、废料应分类堆放在指定地方，及时清运并洒水降尘，严禁随意抛撒。

7.3.2 现场强噪声施工机具，应采取相应措施，最大限度地降低噪声。

7.3.3 系统调试前，应及时告知周边工作人员或居民，做好防扰民措施。

8 质量记录

8.0.1 喇叭（扬声器），声箱、线间变压器，控制器、外接插座、扩音机、增音机、音频处理设备，屏蔽线，屏蔽电缆等合格证、产品技术说明书和技术资料。

8.0.2 材料、构配件进场检验记录。

8.0.3 隐蔽工程检验记录。

8.0.4 工程安装质量及观感质量检查记录。

8.0.5 系统调试及试运行记录。

8.0.6 分项工程检验批质量验收记录表。

8.0.7 子系统检测记录。

第7章　信息发布系统

本工艺标准适用于改建、扩建、新建智能建筑计算机网络系统安装工程。

1　引用标准

《智能建筑工程施工规范》GB 50606—2010

《智能建筑工程质量验收规范》GB 50339—2013

《建筑工程施工质量验收统一标准》GB 50300—2013

《建筑电气工程施工质量验收规范》GB 50303—2015

《智能建筑设计标准》GB 50314—2015

《数据中心设计规范》GB 50174—2017

《综合布线系统工程设计规范》GB 50311—2016

《综合布线系统工程验收规范》GB 50312—2016

2　术语（略）

3　施工准备

3.1　作业条件

3.1.1　综合布线系统施工完毕，且已竣工通过系统检测，具备竣工验收的条件。

3.1.2　计算机网络系统安装调试完成，试运行正常。

3.1.3　机房、设备间装修施工完毕，电源与接地装置已安装完成，具备安装条件。

3.1.4　作业场地中影响施工的各种障碍物和杂物已被清除。门、窗、门锁装配齐全完整。

3.1.5　施工现场供用电符合施工要求。

3.1.6 设计单位应对施工单位进行设计交底工作，并做好交底记录。

3.1.7 各预留孔洞、预埋件的位置，均应符合设计施工要求。

3.1.8 施工单位应做好与预留、预埋单位的交接工作，并确立与其他专业的配合施工关系，划定工作界面。

3.1.9 应检查施工用机械、仪器仪表是否齐备，并应全部运抵施工现场集中存放。

3.1.10 安装施工人员应持证上岗，安装施工前应对施工人员进行技术交底和安全生产教育，并应有书面记录。

3.2 材料及机具

3.2.1 硬件设备：计算机、服务器、媒体播放器、显示终端等等硬件设备均须附有产品合格证、质检报告，安装手册及使用说明说明书等；进口产品应提供原产地证明和商检证明、质量合格证明、检测报告及安装、使用、维护说明书的中文文本。

3.2.2 软件设备：系统软件、信息发布系统应用软件及其安装操作手册。操作系统、数据库、防病毒软件等基础软件的数量、版本和性能参数应符合系统功能和系统性能文件要求。

3.2.3 附件：数据连接线、跳线（UTP 双绞线、光纤跳线）。

3.2.4 调试工具：笔记本电脑（Windows 操作系统）、万用表、RJ45 压接钳，测线仪。

3.3.5 施工机具：手电钻、电锤、钳子、螺钉旋具（改锥）、电工刀、电烙铁、电焊机、水平尺、梯子、工具袋等等。

4 操作工艺

4.1 工艺流程

钢管、金属线槽敷设 → 线缆敷设 → 前端设备安装 → 机房设备安装 → 系统调试 → 系统试运行

4.2 钢管、金属线槽敷设

4.2.1 钢管敷设执行本书“电线保护管敷设施工工艺”的规定。

4.2.2 金属线槽敷设执行本书“金属线槽安装施工工艺”的规定。

4.3　线缆敷设

4.3.1　线缆敷设执行本书“综合布线系统施工工艺标准”的规定。

4.4　前端设备安装

4.4.1　显示终端的安装

1　显示器、LED大屏、DLP拼接显示屏、触摸屏等显示终端应严格按照设备安装手册进行安装。

2　室外安装的显示终端应做好防漏电、防雨措施，并应满足IP65防护等级标准。

3　触摸屏、显示屏应安装在没有强电磁辐射源及干燥的地方。

4　触摸屏与显示屏的安装位置应符合设计要求且对人行通道无影响。

5　所有接头宜采用焊接方法，任何裸露线头采用热缩管保护，所有通信线和控制线只在显示终端和媒体播放机的接线端进行端接，其他任何地方不进行端接。

6　落地式显示终端安装钢架的承重能力应满足设计要求。根据现场实际长度、装修情况，与土建、装修等施工单位共同确定安装LED大屏和DLP大屏的固定支架的挂接点和支承点，保证安全、可靠。

7　DLP拼接显示屏的安装应保证显示屏的拼接无缝。

8　配电系统宜为前端设备提供独立电源。

9　拼接显示屏和LED显示屏的平整度满足设计要求。

4.4.2　媒体播放机的安装

1　媒体播放机应安装在显示终端附近的设备箱内，设备箱应具有防尘、防水、防盗功能。

2　连接媒体播放机和显示终端的信号线缆的长度不宜超过30m。

3　媒体播放机安装前应与显示终端连接测试，图像传输与数据通信正常后方可安装。

4　媒体播放机应安装牢固、平整；安装在室外时，应采取防水、防撞、防砸措施。

5　设备箱内设备排列应整齐，走线应有标识和线路图。

6　媒体播放机宜采用集中供电。

4.5　机房设备安装

4.5.1　机房设备布置应保证适当的维护间距，机架与墙的净距不应小于

1500mm；机背和机侧（需维护时）与墙的净距不应小于800mm。

4.5.2 控制台安装位置应符合设计要求。控制台安放竖直，台面水平；附件完整，无损伤，螺钉紧固，台面整洁无划痕，台内接插件和设备接触应可靠，安装应牢固，内部接线应符合设计要求，无扭曲脱落现象。

4.5.3 控制主机、显示器等设备的安装应平稳，摆放整齐，便于操作。显示器屏幕应避免环境光直射。

4.5.4 信号处理设备应在机柜内或控制台上安装牢固，设备之间应留有合理间隙，并按要求接地。

4.5.5 控制室内所有线缆应根据设备安装位置设置电缆槽和进线孔，排列、捆扎整齐，编号，并宜有永久性标志。

4.5.6 在控制台、机柜（架）内安装的设备内部接插件与设备连接应牢固。

4.5.7 按设计文件以及软件安装手册为设备安装相应的软件系统，系统安装应完整。

4.5.8 操作系统、防病毒软件应设置为自动更新方式，防病毒软件应始终处于启用状态。

4.5.9 应为操作系统、应用软件设置相应的用户密码。

4.6 系统调试

4.6.1 配置服务器、监控计算机的软件系统参数、处理功能、通信功能应达到设计要求。

4.6.2 对系统的显示终端进行单机调试，使各显示屏应达到正确的亮度、色彩显示。

4.6.3 加载文字、图像、视频等内容，调试、检测各显示终端应正确显示发布的内容。

4.6.4 调试、检测软件系统的各功能，应达到符合设计要求。

4.6.5 测试各个显示终端的音频、视频播出质量，应达到全部合格。

4.7 系统试运行

4.7.1 系统调试后，应进行24h不间断的功能、性能连续试验。

4.7.2 试验期间，不得出现系统性或可靠性故障，显示屏不应出现盲点；否则，应修复或更换后重新开始24h试验。

4.7.3 应记录试验过程、修复措施与试验结果。

5　质量标准

5.1　主控项目

5.1.1　各显示终端应能正确显示系统发布的文字、图像、视频等内容。音频、视频播出质量符合设计要求。

5.1.2　软件系统各项参数配置正确，各项使用功能符合设计要求。

5.1.3　系统的网络播放控制、系统配置管理、日志信息管理的联网功能满足系统使用需求。

5.1.4　多媒体显示屏安装必须牢固。供电和通信传输系统必须连接可靠，确保应用要求。

5.2　一般项目

5.2.1　设备、线缆标识应清晰、明确；

5.2.2　各设备、器件、盒、箱、线缆等的安装应符合设计要求，并应做到布局合理、排列整齐、牢固可靠、线缆连接正确、压接牢固；

5.2.3　馈线连接头应牢固安装，接触应良好，并应采取防雨、防腐措施。

6　成品保护

6.0.1　做好安装工程的成品保护工作的同时，做好对土建、装修等其他工程的成品保护工作，严禁野蛮施工。

6.0.2　散热风扇保持正常，避免烧坏设备。

6.0.3　安装调试程序设置好密码，避免无关人员更改配置。

6.0.4　更改软件和系统的配置应做好记录。

6.0.5　在调试过程中应每天对软件进行备份，备份内容应包括系统软件、数据库、配置参数、系统镜像，备份文件应保存在独立的存储设备上。

6.0.6　系统设备的登录密码应有专人管理，不得泄露，计算机无人操作时应锁定。

7　注意事项

7.1　应注意的质量问题

7.1.1　设备安装平稳、牢固。

7.1.2 设备四周留有一定间隔。

7.1.3 注意电源电压、电源极性（左零、右火、中地）。

7.1.4 电源线、地线、跳线连接牢固，且接地装置满足接地电阻小于1Ω。

7.1.5 跳线走向明确，有永久性标记。

7.1.6 显示终端的散热设备要满足设计要求。

7.2 应注意的安全问题

7.2.1 严禁无关人员不经允许登录服务器或工作站更改网络设置。

7.2.2 设备通电调试前，必须检查线路接线是否正确，确认无误后，方可通电调试。

7.2.3 设备搬运时，必须采取有效的防护措施，注意保护建筑物周围和建筑物内部设施的完好，保护设备及器材不受潮湿和损坏。

7.2.4 在高空安装大型设备时，必须搭设脚手架。

7.2.5 高空安装的LED显示屏，必须配套维护马道，马道设置安全要求。

7.3 应注意的绿色施工问题

7.3.1 施工现场的垃圾、废料应分类堆放在指定地方，及时清运并洒水降尘，严禁随意抛撒。

7.3.2 机房内必须保证干净、整洁，必要时应做防尘措施。

7.3.3 现场强噪声施工机具，应采取相应措施，最大限度地降低噪声。

8 质量记录

8.0.1 设备的合格证、质量检验报告、3C认证证书、产品技术说明书和技术资料。

8.0.2 材料、构配件进场检验记录。

8.0.3 隐蔽工程检验记录。

8.0.4 工程安装质量及观感质量检查记录。

8.0.5 系统调试及试运行记录。

8.0.6 分项工程检验批质量验收记录表。

8.0.7 子系统检测记录。

第8章　建筑设备监控系统

本标准适用于一般工业与民用建筑物内的建筑设备监控系统安装工程，适用于一般工业与民用建筑物内的建筑设备监控节能系统安装。

1　引用标准

《智能建筑工程施工规范》GB 50606—2010

《智能建筑工程质量验收规范》GB 50339—2013

《建筑工程施工质量验收统一标准》GB 50300—2013

《建筑电气工程施工质量验收规范》GB 50303—2015

《智能建筑设计标准》GB 50314—2015

2　术语（略）

3　施工准备

3.1　作业条件

3.1.1　线槽、预埋管路、接线盒、预留孔洞的规格、数量、位置符合规范与设计要求。

3.1.2　已完成弱电竖井的建筑施工。

3.1.3　中央控制室内土建装修施工完毕，温度、湿度达到使用要求。

3.1.4　空调机组、冷却塔及各类阀门等安装完毕，并应预留好设计文件中要求的控制信号接入点。

3.1.5　暖通水管道、变配电设备等安装完毕，并应预留好设计文件中要求的控制信号接入点。

3.1.6　接地端子箱安装完毕。

3.2　材料及机具

3.2.1　钢管、接线盒、桥架、通信及控制线缆应符合设计要求，产品应附有材质检验报告、合格证等。

3.2.2 现场控制器；温度、湿度、压力、压差等各类传感器；电动阀、电磁阀等执行器；网络控制器、计算机、不间断电源、打印机、控制台、控制器箱等等设备的型号规格，数量应符合设计要求，并应有产品合格证。

3.2.3 施工机具：电钻、手提砂轮机、电焊机、电锤、电烙铁、冲击钻、克丝钳子、剥线钳、电工刀、一字螺钉旋具、十字螺钉旋具、尖嘴钳、偏口钳。

3.2.4 测量器具：水平尺、钢卷尺、钢直尺、万用表、摇表、游标卡尺。

3.2.5 调试仪器：建筑设备监控系统专用调试仪器。

3.2.6 镀锌材料：螺钉、平垫、弹簧垫圈、金属膨胀螺栓、金属软管。

3.2.7 其他材料：塑料胀管、接线端子、钻头、焊锡、焊剂、绝缘胶布、塑料胶布。

4 操作工艺

4.1 工艺流程

钢管、金属线槽及线缆敷设 → 传感器、执行器安装 → 现场控制器安装 → 中央控制室设备安装 → 单体设备调试 → 系统联调

4.2 钢管、金属线槽及线缆敷设

钢管及金属线槽敷设施工工艺参照相关章节执行。

4.3 线缆敷设

4.3.1 敷设电缆应合理安排，不宜交叉，敷设时应防止电缆之间及电缆与其他硬件之间的摩擦。

4.3.2 在同一线槽内的不同信号、不同电压等级的电缆应分类布置。

4.3.3 数条线槽分层安装时，电缆应按下列规定顺序从上至下排列：

1 仪表信号线路。

2 安全联锁线路。

3 仪表用交流或直流供电线路。

4 明敷设的仪表信号线路与具有强磁场和强静电场的电气设备之间的净距离宜大于1.5m，当采用屏蔽电缆或穿金属保护管以及在线槽内敷设时宜大于0.8m。

4.4 传感器、执行器安装

4.4.1 温度、湿度传感器的安装

1 不应安装在阳光直射的位置。

2 温、湿度传感器应尽可能远离窗、门和出风口的位置，与之距离不小于 2m。

3 并列安装的传感器，距地高度应一致，室内的传感器安装高度为 1.4m，高度差不应大于 1mm，同一区域内高度差不大于 5mm。

4 温、湿度传感器应安装在便于调试、维修的地方。

5 温度传感器至现场控制器之间的连接应符合设计要求，应尽量减少因接线引起的误差，对于镍温度传感器的接线电阻应小于 3Ω，1kΩ 铂温度传感器的接线总电阻应小于 1Ω。

4.4.2 风管型温、湿度传感器的安装

1 传感器应安装在风速平稳，能反映温、湿度的位置。

2 风管型温、湿度传感器应安装在风管保温层完成之后，安装在风管直管段或应避开风管死角的位置和蒸汽放空口位置。

3 应安装在便于调试、维修的地方。

4 在高电磁干扰区域应采用屏蔽线，传感器与电源线之间距离应大于 150mm。

4.4.3 水管温度传感器的安装

1 水管温度传感器宜在暖通水管路安装完毕后进行。

2 不宜在焊缝及其边缘上开孔和焊接。

3 感温段大于管道口径 1/2 时，可安装在管道的顶部。感温段小于管道口径 1/2 时，可安装在管道的侧面或底部。

4 水管温度传感器的开孔与焊接工作，必须在工艺管道的防腐、衬里、吹扫和压力试验前进行。

5 水管温度传感器的安装位置应在水流温度变化灵敏和具有代表性的地方，不宜选择在阀门等阻力件附近和水流流束死角和振动较大的位置。

4.4.4 压力、压差传感器、压差开关安装

1 传感器宜安装在便于调试、维修的位置。

2 传感器应安装在温、湿度传感器的上游侧。

4.4.5 风管型压力、压差传感器安装

1 风管型压力、压差传感器应在风管保温层完成之后安装。

2 风管型压力、压差传感器应在风管的直管段，如不能安装在直管段，则应避开风管内通风死角和蒸汽放空口的位置。

4.4.6 水管型压力与压差传感器的安装

1 水管型压力与压差传感器应在暖通水管路安装完毕后进行，其开孔与焊接工作必须在工艺管道的防腐、衬里、吹扫和压力试验前进行。

2 水管型压力、压差传感器不宜在管道焊缝及其边缘处开孔及焊接。

3 水管型压力、压差传感器宜安装在管道底部和水流流束稳定的位置，不宜安装在阀门等阻力部件的附近、水流流束死角和振动较大的位置。其直压段大于管道口径 2/3 时，可安装在管道顶部，小于管道口径 2/3 时，可安装在侧面或底部和水流流速稳定的位置。

4.4.7 风压压差开关安装

1 安装压差开关时，宜将薄膜处于垂直于平面的位置。

2 风压压差开关的安装应在风管保温层完成之后。

3 风压压差开关宜安装在便于调试、维修的地方。

4 风压压差开关安装完毕后应做密闭处理。

5 风压压差开关的线路应通过软管与压差开关连接。

6 风压压差开关应避开蒸汽排放口。

4.4.8 液体流量开关的安装

1 液体流量开关的安装，应在工艺管道预制、安装的同时进行。

2 液体流量开关的开孔与焊接工作，必须在工艺管道的防腐、衬里、吹扫和压力试验前进行。

3 液体流量开关宜安装在水平管段上，不应安装在垂直管段上。避免安装在侧流孔/直角弯头或阀门附近，安装时将水流开关旋紧定位，使叶片与水流方向成直角，而开关体上标志着的箭头方向要与水流一致。

4 液体流量开关宜安装在便于调试、维修的地方。

4.4.9 磁流量计的安装

1 电磁流量计应避免安装在有较强的交直流磁场或有剧烈振动的场所。

2 流量计、被测介质及工艺管道三者之间应连成等电位，并应接地。

3 电磁流量计应设置在流量调节阀的上游，流量计的上游应有一定的直管段。

4 在垂直的工艺管道安装时，液体流向自下而上，以保证导管内充满被测液体或不致产生气泡；水平安装时必须使电极处在水平方向，以保证测量精度。

4.4.10 涡轮式流量传感器的安装

1 涡轮式流量传感器宜安装在便于维修并避开强磁场、剧烈震动及热辐射的场所。

2 涡轮式流量传感器安装时要水平，流体的流动方向必须与传感器壳体上所示的流向标志一致。

3 当可能产生逆流时，流量变送器后面装设止逆阀，流量变送器应安装在测压点上游，距测压点 3.5～5.5d 的位置，测温应在下游侧，距流量传感器 6～8d 的位置。

4 流量传感器需要装在一定长度的直管上，以确保管道内流速平稳。流量传感器上游应留有 10 倍管径长度的直管，下游留 5 倍管径长度的直管。若传感器前后的管道中安装有阀门和管道缩径、弯管等影响流量平稳的设备，则直管段的长度还需相应调整。

5 信号的传输线宜采用屏蔽和绝缘保护层的线缆，线缆的屏蔽层宜在现场控制器侧一点接地。

4.4.11 风机盘管温控器、电动阀的安装

1 温控开关与其他开关并列安装时，距地面高度应一致，高度差不应大于 1mm，在同一室内，其高度差不应大于 5mm，温控开关外形尺寸与其他开关不一样时，以底边高度为准。

2 电动阀阀体上箭头的指向应与介质流方向一致。

3 风机盘管电动阀应安装于风机盘管的回水管上。

4 四管制风机盘管的冷热水管电动阀共用线应为零线。

5 客房节能系统中风机盘管温控系统应与节能系统连接。

4.4.12 电磁阀、电动阀的安装

1 阀体上箭头的指向应与介质流方向一致。

2 空调器的电磁阀、电动阀旁一般应装有旁通管路。

3 电磁阀、电动阀的口径与管道通径不一致时，应采用渐缩管件，且结合

处不允许有间隙、松动现象。同时，电动阀口径一般不应低于管道口径两个等级。

4 执行机构应固定牢固，操作手轮应处于便于操作的位置，注意安装的位置便于维修、拆装。

5 执行机构的机械传动应灵活，无松动或卡涩现象。

6 有阀位指示装置的电磁阀、电动阀，阀位指示装置应面向便于观察的位置。

7 电磁阀、电动阀安装前应按安装使用说明书的规定检查线圈与阀体间的绝缘电阻。

8 电磁阀、电动阀在安装前宜进行模拟动作和试压试验。

9 电磁阀、电动阀一般安装在回水管道。

10 在管道冲洗前，应将阀体完全打开。

11 安装于室外的电磁阀、电动阀应加防护罩。

12 电动阀应垂直安装于水平管道上，严禁倾斜安装。

13 大型电动调节阀安装时，应避免给调节阀带来附加压力，应安装支架。在有剧烈振动的场所，应同时采取避震措施。

4.4.13 风阀控制器的安装

1 风阀控制器安装前应按安装使用说明书的规定检查线圈、阀体间的电阻、工作电压、控制输入等，其应符合设计和产品说明书的要求，风阀控制器与风阀门轴的连接应固定牢固。风阀控制器在安装前宜进行模拟动作。

2 风阀控制器上的开闭箭头的指向应与阀门开闭方向一致。

3 风阀的机械机构开闭应灵活，无松动或卡涩现象。

4 风阀控制器安装后，风阀控制器的开闭指示位应与风阀实际状况一致，风阀控制器宜面向便于观察的位置。

5 风阀控制器应与风阀门轴垂直安装，垂直角度不小于85°。

6 风阀控制器的输出力矩必须与风阀所需要的相匹配，符合设计要求。

7 风阀控制器不能直接与风门挡板轴相连接时，则可通过附件与挡板轴相连，但其附件装置必须保证风阀控制器旋转角度的调整范围。

4.5 现场控制器的安装

4.5.1 现场控制器箱的安装位置宜靠近被控设备电控箱；

4.5.2 现场控制器箱应安装牢固，不应倾斜；安装在轻质墙上时，应采取加固措施；

4.5.3 现场控制器箱的高度不大于1m时，宜采用壁挂安装，箱体中心距地面的高度不应小于1.4m；

4.5.4 现场控制器箱的高度大于1m时，宜采用落地式安装，并应制作底座；

4.5.5 现场控制器箱侧面与墙或其他设备的净距离不应小于0.8m，正面操作距离不应小于1m；

4.5.6 现场控制器箱接线应按照接线图和设备说明书进行，配线应整齐，不宜交叉，并应固定牢靠，端部均应标明编号；

4.5.7 现场控制器箱体门板内侧应贴箱内设备的接线图；

4.5.8 现场控制器应在调试前安装，在调试前应妥善保管并采取防尘、防潮和防腐蚀措施。

4.6 中央控制设备安装

4.6.1 设备在安装前应进行检验，并符合下列要求：

1 各种设备进场时，查验合格证和随带技术文件，实行产品许可证和安全认证的产品应有产品许可证和安全认证标志，进口产品应有原产地证明、进口报关单。

2 进行外观检查：铭牌、附件齐全、电气接线端子完好，设备外形完整，内外表面漆层完好。

3 设备外形尺寸、设备内主板及接线端口的型号、规格符合设计规定，备品备件齐全。

4 设备及器材进场验收应有记录。

4.6.2 按照图纸连接主机、不间断电源、打印机、网络控制器等设备。

4.6.3 设备安装应紧密、牢固，安装用的紧固件应做防锈处理。

4.6.4 设备底座应与设备相符，其上表面应保持水平。

4.6.5 中央控制及网络控制器等设备的安装要符合下列规定：

1 控制台、网络控制器应按设计要求进行排列，根据控制台的固定孔距在基础槽钢上钻孔，安装时从一端开始逐台就位，用螺丝固定，找平找直后再将各螺栓紧固。

2 控制台应垂直、平正，其垂直允许偏差为每米1.5mm，水平方向的倾斜度允许偏差为每米1mm。相邻之间顶部高度允许偏差为2mm，接缝处平面度允许偏差为5mm。相邻设备接缝间隙不大于2mm，相邻控制台或设备连接超过五处时，平面度允许偏差为5mm。

3 对引入的电缆或导线，首先进行校线，按图纸要求编号。

4 标志编号应正确且与图纸一致，字迹清晰，不易褪色；配线应整齐，避免交叉，固定牢固。

5 交流供电设备的外壳及基础应可靠接地。

6 中央控制室一般应根据设计要求设置接地装置。采用专用接地时机房设备采用专用导线将各设备进行连接，各支路导线线头压接好，设备及屏蔽线应压接好保护地线，接地电阻值不应大于4Ω；当采用联合接地时，接地电阻应小于1Ω。

4.7 单体设备调试

4.7.1 调试程序建筑设备监控系统调试必须具备的条件：

1 建筑设备监控系统的全部设备包括现场的各种阀门、执行器、传感器等全部安装完毕，线路敷设和接线全部符合图纸及设计的要求。

2 建筑设备监控系统的受控设备及其自身的系统安装、调试完毕、合格；同时其设备或系统的测试数据必须满足自身系统的工艺要求，具备相应的测试记录。

3 检测建筑设备监控系统设备与各联动系统设备的数据传输符合设计要求。

4 确认按设计图纸、产品供应商的技术资料、软件和规定的其他功能和联锁、联动程序控制的要求。

4.7.2 现场控制器测试

1 数字量输入测试：

信号电平的检查：按设备说明书和设计要求确认干接点输入、电压和电流等信号是否符合要求。

动作试验：按上述不同信号的要求，用程序方式或手动方式对全部测点进行测试，并将测点的值记录下来。

2 数字量输出测试：

信号电平的检查：按设备说明书和设计要求确认继电器开关量的输出起/停

(ON/OFF)、输出电压或电流开关特性是否符合要求。

动作试验：用程序方式或手动方式测试全部数字量输出，并记录其测试数值和观察受控设备的电气控制开关工作状态是否正常；如果受控单体受电试运行正常，则可以在受控设备正常受电情况下观察其受控设备运行是否正常。

3　模拟量输入测试：

按设备说明书和设计要求确认其有源或无源的模拟量输入的类型、量程（容量）、设定值（设计值）是否符合规定。

4　模拟量输出测试：

按设备使用说明书和设计要求确定其模拟量输出的类型、量程（容量）与设定值（设计值）是否符合。

5　现场控制器功能测试：

按产品设备说明书和设计要求进行测试。通常进行如下功能测试：运行可靠性测试和现场控制器软件主要功能及其实时性测试。

4.7.3　新风机单体设备调试

检查新风机控制柜的全部电气元器件有无损坏，内部与外部接线是否正确无误，严防强电电源串入现场控制器，如需 24VAC，应确认接线正确，无短路故障。

按监控点表要求，检查装在新风机上的温度、湿度传感器、电动阀、风阀、压差开关等设备的位置、接线是否正确和输入、输出信号的类型、量程是否和设计一致。

在手动位置确认风机在非受控状态下已运行正常。

确认现场控制器和 I/O 模块的地址码设置是否正确。

确认现场控制器送电并接通主电源开关后，观察现场控制器和各元件状态是否运行正常。

用笔记本电脑或手提检测器检测所有模拟量输入点送风温度和风压的量值，并核对其数值是否正确。记录所有开关量输入点（风压开关和防冻开关等）工作状态是否正常。强置所有的开关量输出点开与关，确认相关的风机、风门、阀门等工作是否正常。强置所有模拟量输出点输出信号，确认相关的电动阀（冷热水调节阀）的工作是否正常及其位置调节是否跟随变化，并打印记录结果。

启动新风机，新风阀门应联锁打开，送风温度调节控制应投入运行。

模拟送风温度大于送风温度设定值，热水调节阀逐渐减小开度直至全部关闭（冬天工况）；或者冷水阀逐渐加大，开度直至全部打开（夏天工况）。模拟送风温度小于送风温度设定值时，确认其冷热水阀运行工况与上述完全相反。

模拟送风湿度小于送风湿度设定值时加湿器运行，进行湿度调节。

新风机停止运转，则新风门以及冷、热水调节阀门、加湿器等应回到全关闭位置。

单体调试完成时，应按工艺和设计要求在系统中设定其送风温度、湿度和风压的初始状态。

对于四管制新风机，可参照上述规定进行。

4.7.4 空气处理机单体设备调试

启动空调机时，新风门、回风门、排风门等应联动打开，进入工作状态。

空调机启动后，回风温度应随着回风温度设定值改变而变化，在经过一定时间后应能稳定在回风温度设定值范围之内。如果回风温度跟踪设定值的速度太慢，可以适当提高 PID 调节的比例放大作用；如果系统稳定后，回风温度和设定值的偏差较大，可以适当提高 PID 调节的积分作用；如果回风温度在设定值上下明显地作周期性波动，其偏差超过范围，则应先降低或取消微分作用，再降低比例放大作用，直到系统稳定为止。PID 参数设置的原则是：首先保证系统稳定，其次满足其基本的精度要求，各项参数值设置精度不宜过高，应避免系统振荡，并有一定余量。当系统调试不能稳定时，应考虑有关的机械或电气装置中是否存在妨碍系统稳定的因素，做仔细检查并排除这样的干扰。

如果空调机是双环控制，那么内环以送风温度作为反馈值，外环以回风温度作为反馈值，以外环的调节控制输出作为内环的送风温度设定值。一般内环为 PI 调节，不设置微分参数。

空调机停止转动时，新风机风门、排风门、回风门、冷热水调节阀、加湿器等应回到全关闭位置。

变风量空调机应按控制功能变频或分档变速的要求，确认空气处理机的风量、风压随风机的速度也相应变化。当风压或风量稳定在设计值时，风机速度应稳定在某一点上，并按设计和产品说明书的要求记录 30％、50％、90％风机速度时相对应的风压或风量（变频、调速）；还应在分档变速时测量其相应的风压与风量。

模拟控制新风门、排风门、回风门的开度限位应设置满足空调风门开度要求。

4.7.5　空调冷热源设备调试

按设计和产品技术说明书规定，在确认主机、冷热水泵、冷却水泵、冷却塔、风机、电动蝶阀等相关设备单独运行正常情况下，通过进行全部 AO、AI、DO、DI 点的检测，确认其满足设计和监控点表的要求。启动自动控制方式，确认系统各设备按设计和工艺要求的顺序投入运行和关闭自动退出运行这两种方式。

增加或减少空调机运行台数，增加其冷热负荷，检验平衡管流量的方向和数值，确认能启动或停止的冷热机组的台数能否满足负荷需要。

模拟一台设备故障停运以及整个机组停运，检验系统是否自动启动一个备用的机组投入运行。

4.7.6　变风量系统末端装置单体调试

变风量系统末端单体检测的项目和要求应按设计和产品供应商说明书的要求进行，变风量系统末端通常应进行如下检查与测试：

1　按设计图纸要求检查变风量系统末端、变风量系统控制器、传感器、阀门、风门等设备的安装就位和变风量系统控制器电源、风门和阀门的电源的正确。

2　用变风量系统控制器软件检查传感器、执行器工作是否正常。

3　用变风量系统控制软件检查风机运行是否正常。

4　测定并记录变风量系统末端一次风最大流量、最小流量及二次风流量是否满足设计要求。

5　确认变风量系统控制器与上位机通信正常。

4.7.7　风机盘管单体调试

1　检查电动阀门和温度控制器的安装和接线是否正确。

2　确认风机和管路已处于正常运行状态。

3　设置风机高、中、低三速和电动开关阀的状态，观察风机和阀门工作是否正常。

4　操作温度控制器的温度设定按钮和模式设定按钮，这时风机盘管的电动阀应有相应的变化。

5 如风机盘管控制器与现场控制器相连，则应检查主机对全部风机盘管的控制和监测功能（包括设定值修改、温度控制调节和运行参数）。

4.7.8 空调水二次泵及压差旁通调试

如果压差旁通阀门采用无位置反馈，则应做如下测试：打开调节阀驱动器外罩，观测并记录阀门从全关至全开所需时间和全开到全关所需时间，取此两者较大者作为阀门“全行程时间”参数输入现场控制器输出点数据区。

按照原理图和技术说明的内容，进行二次泵压差旁通控制的调试。先在负载侧全开一定数量调节阀，其流量应等于一台二次泵额定流量，接着启动一台二次泵运行，然后逐个关闭已开的调节阀，检验压差旁通阀门旁路。在上述过程中，应同时观察压差测量值是否基本稳定在设定值范围之内。

按照原理图和技术说明的内容，检验二次泵的台数控制程序，是否能按预定的要求运行。其中负载侧总流量先按设备参数规定，这个数值可在经过一年的负载高峰期，获得实际峰值后，结合每台二次泵的负荷适当调整。在发生二次泵台数启/停切换时，应注意压差测量值也应基本稳定在设定范围之内。

检验系统具有这样的联锁功能：每当有一次机组在运行，二次泵台数控制便应同时投入运行，只要有二次泵在运行，压差旁通控制便应同时工作。

4.7.9 给水排水系统单体设备的调试

检查各类水泵的电气控制柜，按设计监控要求与现场控制器之间的接线正确，严防强电串入现场控制器。

按监控点表的要求检查装于各类水箱、水池的水位传感器，以及温度传感器、水量传感器等设备的位置，接线是否正确。

确认各类水泵等受控设备，在手动控制状态下，其设备运行正常。

在现场控制器侧，按本规定的要求检测该设备 AO、AI、DO、DI 点，确认其满足设计、监控点和联动连锁的要求。

4.7.10 变配电、照明系统单体设备调试

按图纸和变送器接线要求检查变送器与现场控制器、配电箱、柜的接线是否正确，量程是否匹配，检查通信接口是否符合设计要求。

根据图纸和设备监控表的要求对各监控点进行测试。

按照明系统设计和监控要求检查控制顺序、时间和分区方式是否正确。

检查电量计量是否符合设计要求。

检查柴油发电机组及相应的控制箱、柜的监控是否正常。

4.7.11　电梯监控系统的设备调试

检查电梯监控系统的接线和通信接口是否符合要求。

检查电梯监控系统的监测点，确认其满足设计图纸、监控点表和联动的要求。

4.8　系统联调

控制中心设备的接线检查。按系统设计图纸要求，检查主机与网络器、网关设备、现场控制器、系统外部设备（包括电源 UPS、打印设备）、通信接口（包括与其他子系统）之间的连接、传输线型号规格是否正确。通信接口的通信协议、数据传输格式、速率等是否符合设计要求。

系统通信检查。主机及其相应设备通电后，启动程序检查主机与本系统其他设备通信是否正常，确认系统内设备无故障。

对整个楼控系统监控性能和联动功能进行测试，要求满足设计图纸及系统监控点表的要求。

5　质量标准

5.1　主控项目

5.1.1　传感器的安装需进行焊接时，应符合现行国家标准《现场设备、工业管道焊接工程施工规范》GB 50236—2011 的有关规定；

5.1.2　传感器、执行器接线盒的引入口不宜朝上，当不可避免时，应采取密封措施；

5.1.3　传感器、执行器的安装应严格按照说明书的要求进行，接线应按照接线图和设备说明书进行，配线应整齐，不宜交叉，并应固定牢靠，端部均应标明编号；

5.1.4　水管型温度传感器、水管压力传感器、水流开关、水管流量计应安装在水流平稳的直管段，应避开水流流束死角，且不宜安装在管道焊缝处；

5.1.5　风管型温、湿度传感器、压力传感器、空气质量传感器应安装在风管的直管段且气流流束稳定的位置，且应避开风管内通风死角；

5.1.6　仪表电缆电线的屏蔽层，应在控制室仪表盘柜侧接地，同一回路的屏蔽层应具有可靠的电气连续性，不应浮空或重复接地。

5.2 一般项目

5.2.1 现场设备（如传感器、执行器、控制箱柜）的安装质量应符合设计要求。

5.2.2 控制器箱接线端子板的每个接线端子，接线不得超过两根。

5.2.3 传感器、执行器均不应被保温材料遮盖。

5.2.4 风管压力、温度、湿度、空气质量、空气速度等传感器和压差开关应在风管保温完成并经吹扫后安装。

5.2.5 传感器、执行器宜安装在光线充足、方便操作的位置；应避免安装在有振动、潮湿、易受机械损伤、有强电磁场干扰、高温的位置。

5.2.6 传感器、执行器安装过程中不应敲击、震动，安装应牢固、平正；安装传感器、执行器的各种构件间应连接牢固、受力均匀，并应作防锈处理。

5.2.7 水管型温度传感器、水管型压力传感器、蒸汽压力传感器、水流开关的安装宜与工艺管道安装同时进行。

5.2.8 水管型压力、压差、蒸汽压力传感器、水流开关、水管流量计等安装套管的开孔与焊接，应在工艺管道的防腐、衬里、吹扫和压力试验前进行。

5.2.9 风机盘管温控器与其他开关并列安装时，高度差应小于1mm，在同一室内，其高度差应小于5mm。

5.2.10 安装于室外的阀门及执行器应有防晒、防雨措施。

5.2.11 用电仪表的外壳、仪表箱和电缆槽、支架、底座等正常不带电的金属部分，均应做保护接地。

5.2.12 仪表及控制系统的信号回路接地、屏蔽接地应共用接地。

6 成品保护

6.0.1 安装终端设备时，应注意保持吊顶、墙面整洁。

6.0.2 其他工种作业时，应注意不得碰撞及损伤终端探测器；并不得改变探测器的方位和朝向。

6.0.3 机房内应采取防尘、防潮、防污染及防水措施。为了防止损坏设备和丢失零部件，应及时关好门窗，门上锁并派专人负责。对设备和贵重原材料的失窃与损坏，要保护好现场，报告检查、公安部门处理。

7　注意事项

7.1　应注意的质量问题

7.1.1　现场控制器与各种配电箱、柜、控制柜之间的接线应严格按照图纸进行，严防强电串入现场控制器。

7.1.2　严格检查系统接地阻值及接线，消除或屏蔽设备及连线附近的干扰源，防止通信不正常。

7.1.3　必须编制完整的“使用手册”，满足使用维修需求，并要以手册为教材对管理人员进行培训。

7.2　应注意的安全问题

7.2.1　交叉作业时应注意周围环境，禁止乱抛工具和材料。

7.2.2　设备通电调试前，必须检查线路连接是否正确，保护措施是否齐全，确认无误后，方可通电调试。

7.2.3　登高作业时，脚手架和梯子应安全、可靠，脚手架不得铺有探头板，梯子应有防滑措施，不允许两人或多人同梯作业。

7.3　应注意的绿色施工问题

7.3.1　施工现场的包装纸盒、塑料包装等废品，应及时清理。

7.3.2　施工过程中的管材、线材等施工废料，应及时回收处理。

7.3.3　现场强噪声施工机具，应采取相应措施，最大限度地降低噪声。

8　质量记录

8.0.1　材料及设备的出厂合格证、安装技术文件、质量检验报告。

8.0.2　材料、构配件进场检验记录。

8.0.3　隐蔽工程检验记录。

8.0.4　工程安装质量及观感质量检查记录。

8.0.5　系统试运行记录。

8.0.6　分项工程检验批质量验收记录表。

8.0.7　子系统检测记录。

第9章　火灾自动报警系统

本工艺标准适用于一般工业与民用建筑火灾自动报警系统安装工程。不适用于生产和贮存火药、炸药、弹药、火工品等有爆炸危险的场所设置的火灾自动报警系统安装工程。

1　引用标准

《智能建筑工程施工规范》GB 50606—2010

《智能建筑工程质量验收规范》GB 50339—2013

《建筑工程施工质量验收统一标准》GB 50300—2013

《建筑电气工程施工质量验收规范》GB 50303—2015

《智能建筑设计标准》GB 50314—2015

《火灾自动报警系统设计规范》GB 50116—2013

《火灾自动报警系统施工及验收规范》GB 50166—2007

2　术语（略）

3　施工准备

3.1　作业条件

3.1.1　预埋管路、接线盒、地面线槽及预留孔洞符合设计要求。

3.1.2　主机房内土建、装饰作业完工，抗静电地板安装完毕，温度、湿度达到使用要求。

3.1.3　机房内接地端子箱安装完毕。

3.1.4　施工单位必须是公安消防监督机关认可的单位，并受其监督。

3.2　材料及机具

3.2.1　钢管、接线盒、桥架、控制及通信线缆的规格型号、材质及阻燃、耐火特性符合设计要求，通过消防产品专业认证，材质检测报告、合格证等齐全。

3.2.2 火灾探测器：感烟、感温探测器、可燃气体探测器、红外光束探测器、缆式探测器等。

3.2.3 手报、消防电话、模块箱。

3.2.4 控制台、消防报警主机、计算机、不间断电源、打印机等。

3.2.5 施工机具：电钻、砂轮、电焊机、电锤。

3.2.6 测量器具：水平尺、钢卷尺、钢直尺、万用表、摇表、对线器。

3.2.7 调试仪器：专用消防报警系统综合调试仪器。

4 操作工艺

4.1 工艺流程

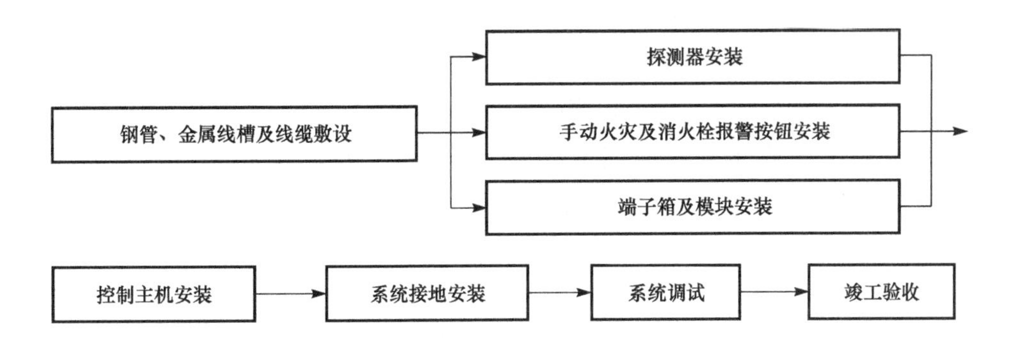

4.2 钢管、金属线槽及线缆敷设

钢管、金属线槽及线缆敷设请参照相关章节执行，火灾自动报警系统中钢管和金属线槽敷设及穿线的还应满足下列要求：

4.2.1 火灾自动报警系统线缆敷设等应根据《火灾自动报警系统设计规范》的规定，对线缆的种类、电压等级进行检查。

4.2.2 对每回路的导线用250V的兆欧表测量绝缘电阻，其对地绝缘电阻值不应小于20MΩ。

4.2.3 不同类型、不同系统、不同电压等级的消防报警线路不应穿入同一根管内或线槽的同一槽孔内。

4.2.4 埋入非燃烧体的建筑物、构筑物内的电线保护管与建筑物、构筑物墙面的距离不应小于30mm。

4.2.5 如因条件限制，强电和弱电线路同用一竖井时，应分别布置在竖井的两侧。

4.2.6 在建筑物的吊顶内必须采用金属管、金属线槽。金属线槽和钢管明配时，应按设计要求采取防火保护措施。

4.2.7 暗装消火栓配管时应从侧面进线，接线盒不应放在消火栓箱的后侧。

4.2.8 管线与线槽的接地应符合设计要求和有关规范的规定。

4.2.9 火灾自动报警系统的传输线路应采用铜芯绝缘线或铜芯电缆，阻燃耐火性能符合设计要求，其电压等级不应低于交流250V。

4.2.10 火灾报警器的传输线路应选择不同颜色的绝缘导线，探测器的"＋"线为红色，"－"线应为蓝色，其余线应根据不同用途采用其他颜色区分。但同一工程中相同用途的导线颜色应一致，接线端子应有标号。

4.3 火灾探测器安装

4.3.1 火灾探测器安装应符合图纸设计要求。

4.3.2 探测器宜水平安装，当必须倾斜安装时，倾斜角不应大于45°。

4.3.3 探测器的底座应固定可靠，在吊顶上安装方式如图9-1、图9-2所示。

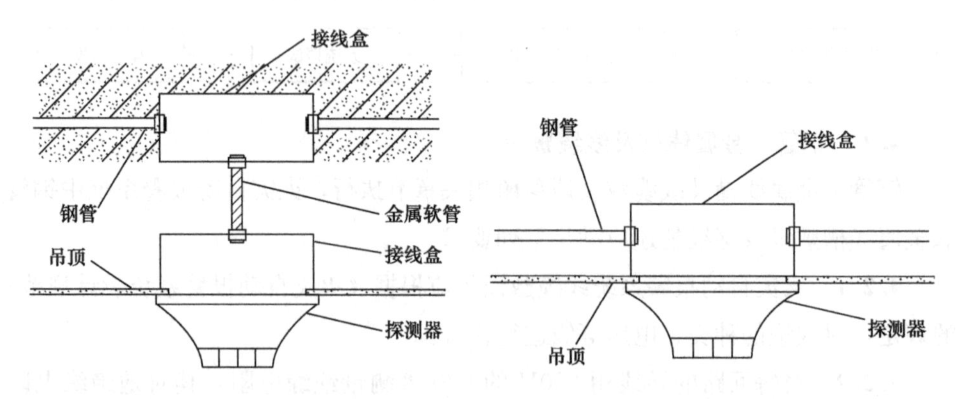

图9-1 探测器在吊顶上安装方法（一） 图9-2 探测器在吊顶上安装方法（二）

4.3.4 探测器的连接导线必须可靠压接或焊接，当采用焊接时不得使用带腐蚀性的助焊剂，外接导线应有0.15m的余量，入端处应有明显标志。

4.3.5 探测器确认灯应面向便于人员观察的主要入口方向。

4.3.6 探测器底座的穿线孔宜封堵，安装时应采取保护措施（如装上防护罩）。

4.3.7 在电梯井、升降机井设置探测器时其位置宜在井道上方的机房顶棚上。

4.3.8 探测器至墙壁、梁边的水平距离，不应小于 0.5m（如图 9-3）。

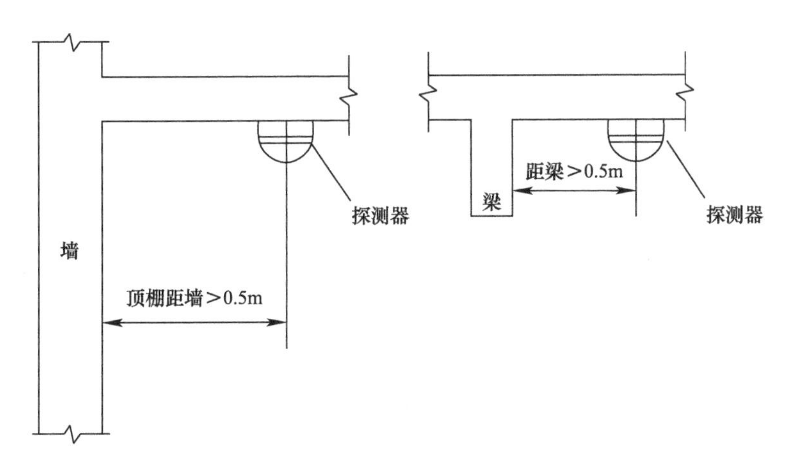

图 9-3 探测器距墙、距梁安装位置图

4.3.9 探测器周围 0.5m 内，不应有遮挡物。

4.3.10 探测器至空调送风口边的水平距离不应小于 1.5m；至多孔送风顶棚孔口的水平距离不应小于 0.5m。

4.3.11 在宽度小于 3m 的内走道顶棚上设置探测器时，宜居中布置。感温探测器的安装间距不应超过 10m；感烟探测器的安装间距不应超过 15m。探测器距端墙的距离不应大于探测器安装间距的一半（如图 9-4 所示）。

4.3.12 可燃气体探测器的安装位置和安装高度应依据所探测气体的性质而定：

1 当探测的可燃气体比空气重时，探测器安装在下部。可燃气体探测器应安装在距煤气灶 4m 以内，距离地面应为 0.3m。

2 当探测的可燃气体比空气轻时，探测器安装在上部。当梁高大于 0.6m 时，探测器应安装在有煤气灶梁的一侧。

3 在室内梁上设置可燃气体探测器时，探测器与顶棚距离应在 0.3m 以内。

4.3.13 红外光束探测器的安装应符合以下要求：

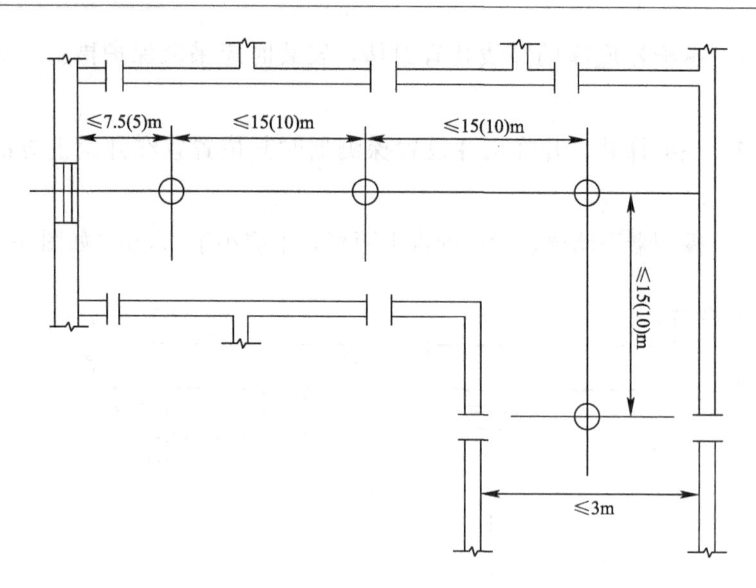

图 9-4　探测器在宽度小于 3m 的走道布置图

1　发射器和接收器应安装在一条直线上，并保持工作立面平行。

2　光线通路上应避免出现运动物体，不应有遮挡物。

3　相邻两组红外光束感烟探测器水平距离应不大于 14m，探测器距侧墙的水平距离不应大于 7m，且不应小于 0.5m。

4　探测器光束距顶棚一般为 0.3～0.8m，且不得大于 1m。

5　探测器发出的光束应与顶棚水平，远离强磁场，避免阳光直射，底座应牢固地安装在墙上。

4.3.14　缆式探测器的安装应符合以下要求：

1　缆式探测器用于监测室内火灾时，可敷设在室内的顶棚上，其线路距顶棚的垂直距离应小于 0.5m（如图 9-5 所示）。

2　热敏电缆安装在电缆托架或支架上时，要紧贴电力电缆或控制电缆的外护套，呈正弦波方式敷设。

3　热敏电缆敷设在传送带上时，可借助 M 形吊线直接敷设于被保护传送带的上方及侧面。

4　热敏电缆安装于动力配电装置上时，应与被保护物有良好的接触。

5　热敏电缆敷设时应用固定卡具固定牢固，严禁硬性折弯、扭曲，防止护套破损。必须弯曲时，弯曲半径应大于 20cm。

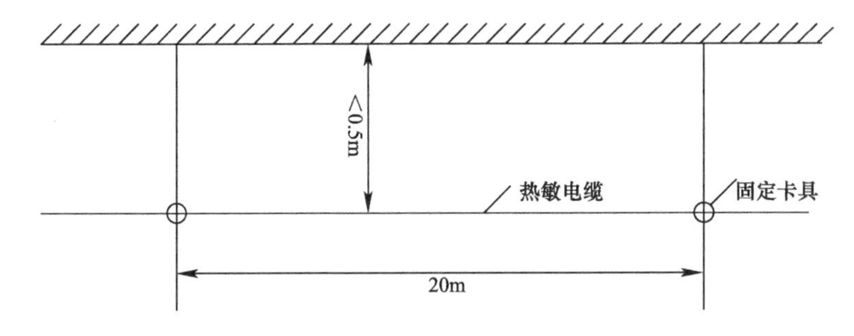

图 9-5　热敏电缆在顶棚下安装

4.4　手动火灾及消火栓报警按钮的安装

4.4.1　手动火灾报警按钮应安装在明显或便于操作的墙上，距地（楼）面高度 1.3～1.5m（如图 9-6 所示）

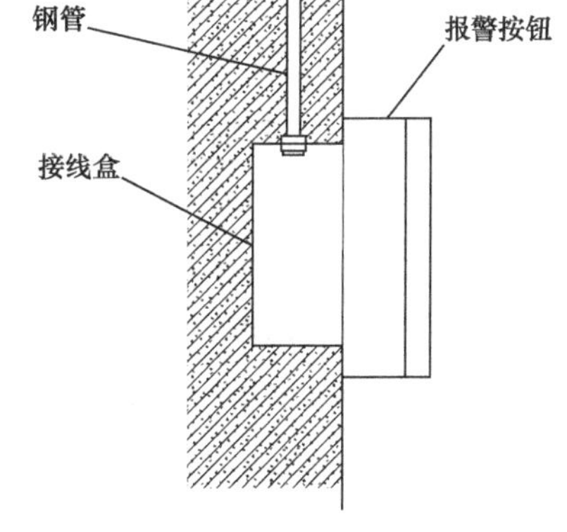

图 9-6　手动报警按钮安装方法

4.4.2　手动火灾报警按钮应安装位置和高度应符合设计要求，安装牢固且不应倾斜。

4.4.3　手动火灾报警按钮外接导线应留有 0.10m 的余量，且在端部应有明显标志。

4.4.4　报警区内的每个防火分区应至少设置一个手动报警按钮，从一个防火分区的任何位置到最近的一个手动火灾报警按钮的步行距离不应大于 30m。

4.4.5　消火栓报警按钮应安装在消火栓箱内，安装应平整、牢固，接线必须符合使用要求，接线正确，控制可靠。

4.5　端子箱及模块安装

4.5.1　端子箱应根据设计要求的位置用金属膨胀螺栓明装，且安装时应端正牢固，不得倾斜。

4.5.2　用对线器进行对线缆进行编号，将导线留有一定的余量，分束绑扎。

4.5.3　压线前应对导线的绝缘进行摇测，合格后方可压线。

4.5.4　控制箱内的模块应按设备制造商和设计的要求安装配线，要求合理布置，且安装应牢固端正，并有标识。

4.6　消防控制主机安装

4.6.1　消防控制主机安装应符合下列要求：

1　机柜底座宜高出地面 0.1～0.2m，一般用槽钢作为基础，基础槽钢应先调直除锈，并刷防锈漆，安装时用水平尺、小线找好平直度，然后用螺栓固定牢固。基础槽钢应接地可靠。

2　机柜按设计要求进行排列，根据柜的固定孔距在基础槽钢上钻孔，安装时从一端开始逐台就位，用螺丝固定，用小线找平找直后再将各螺栓紧固。

3　控制设备前操作距离，单列布置时不应小于 1.5m，双列布置时不应小于 2m，在有人值班经常工作的一面，控制盘到墙的距离不应小于 3m，盘后维修距离不应小于 1m，控制盘排列长度大于 4m 时，控制盘两端应设置宽度不小于 1m 的通道。

4.6.2　引入火灾报警控制主机的线缆应符合下列要求：

1　对引入的电缆或导线，首先应用对线器进行校线，按图纸要求编号。摇测线间、线对地等绝缘电阻，不应小于 20MΩ。摇测全部合格后按不同电压等级、用途、电流类别分别绑扎成束引到端子板，按接线图进行压线，每个接线端子接线不应超过二根。多股线应烫锡，导线应留有不小于 200mm 的余量。

2　线缆标识应清晰准确，不易褪色；配线应整齐，避免交叉，固定牢固。

3　导线引入线完成后，在进线管处应封堵。

4　控制主机主电源引入线应直接与消防电源连接，严禁使用接头连接，主电源应有明显标志。

4.6.3　控制主机的接地应牢固，并有明显标志。

4.7　系统接地安装

4.7.1　工作接地线应采用铜芯绝缘导线或电缆，不得利用镀锌扁铁或金属软管。

4.7.2　由消防控制室引至接地体的工作接地线，在通过墙壁时，应穿入钢管或其他坚固的保护管。

4.7.3　消防控制设备的外壳及基础应可靠接地，接入接地端子箱。

4.7.4　消防控制室一般应根据设计要求设置专用接地装置作为工作接地。当采用独立工作接地时电阻应小于 4Ω；当采用联合接地时，接地电阻应小于 1Ω。

4.7.5　控制室引至接地体的接地干线应采用一根不小于 $16mm^2$ 的绝缘铜线或独芯电缆，穿入保护管后，两端分别压接在控制设备工作接地板和室外接地体上。

4.7.6　消防控制室的工作接地板引至各消防控制设备和火灾报警控制器的工作接地线应采用不小于 $4mm^2$ 铜芯绝缘线穿入保护管构成一个零电位的接地网络，以保证火灾报警设备的工作稳定可靠。

4.7.7　接地装置施工过程中应分不同阶段作电气接地装置隐检、接地电阻摇测、平面示意图等质量检查记录。

4.7.8　工作接地线与保护接地线必须分开，保护接地导体不得利用金属软管。

4.7.9　接地装置施工完毕后，应及时作隐蔽工程验收。

4.8　系统调试

4.8.1　调试前施工人员应向调试人员提交竣工图、设计变更记录、施工记录（包括隐蔽工程验收记录），检验记录（包括绝缘电阻、接地电阻测试记录）、竣工报告等相关资料。

4.8.2　调试负责人必须由有资格的专业技术人员担任。其资格审查由公安消防监督机构负责。

4.8.3　火灾自动报警系统调试，应先分别对探测器、区域报警控制器、集中报警控制器、火灾报警装置和消防控制设备等逐个进行单机通电检查，正常后方可进行系统调试。

4.8.4　火灾自动报警系统通电后，应按现行国家标准《火灾报警控制器通用技术条件》的有关要求对报警控制器进行下列功能检查：火灾报警自检功能；消音、复位功能；故障报警功能；火灾优先功能；报警记忆功能；电源自动转换和备用电源的自动充电功能；备用电源的欠压和过压报警功能。

4.8.5　检查火灾自动报警系统的主电源和备用电源，其容量应分别符合现行有关国家标准的要求，在备用电源连续充放电 3 次后，主电源和备用电源应能自动转换。

4.8.6　应采用专用的检查仪器对探测器逐个进行试验，其动作应准确无误。

4.8.7　应分别用主电源和备用电源供电，检查火灾自动报警系统的各项控制功能和联动功能。

4.8.8　火灾自动报警系统应在连续运行 120h 无故障后，填写调试报告。

4.9　竣工验收

4.9.1　火灾报警系统安装调试完成后，由施工单位、建设单位对工程质量、调试质量、施工资料进行检查，发现质量问题应及时解决处理，直至达到符合设计和规范要求为止。

4.9.2 预检全部合格后，施工单位应请建设、设计、监理等单位，对工程进行竣工验收检查，无误后办理竣工验收单。

4.9.3 建设单位或由建设单位委托施工单位请建筑消防设施技术检测单位进行检测，由检测单位提交检测报告。

4.9.4 以上工作全部完成后，由建设单位向公安消防监督机构提交验收申请，送交有关资料，请公安消防监督机构进行消防工程验收。

5 质量标准

5.1 主控项目

5.1.1 系统提供的接口功能符合设计要求；

5.1.2 火灾报警系统工程实施的质量控制、系统检测和工程验收应符合现行国家标准《火灾自动报警系统施工及验收规范》GB 50166 的规定；

5.1.3 进场的设备与材料必须有质量合格证明和检验报告；

5.1.4 探测器、模块、报警按钮等类别、型号、位置、数量、功能等应符合设计要求；

5.1.5 消防电话插孔型号、位置、数量、功能等应符合设计要求；

5.1.6 火灾应急广播位置、数量、功能等应符合设计要求，且应能在手动或警报信号触发的 10s 内切断公共广播，播出火警广播；

5.1.7 火灾报警控制器功能、型号应符合设计要求，并应符合现行国家标准《火灾自动报警系统施工及验收规范》GB 50166 的有关规定；

5.1.8 火灾自动报警系统与消防设备的联动应符合设计要求；

5.1.9 火灾自动报警系统的施工过程和质量控制应符合国家标准《火灾自动报警系统施工及验收规范》GB 50166 的规定。

5.2 一般项目

5.2.1 探测器、模块、报警按钮等安装应牢固、配件齐全，不应有损伤变形和破损；

5.2.2 探测器、模块、报警按钮等导线连接应可靠压接或焊接，并应有标志，外接导线应留余量；

5.2.3　探测器安装位置应符合保护半径、保护面积要求。

6　成品保护

6.0.1　消防自动报警系统的设备存储时，要作防尘、防潮、防碰、防砸、防压等措施，妥善保管，同时办理进厂检验和领用手续。

6.0.2　自动报警设备安装时，土建工程应达到地面、墙面、门窗、喷浆完毕，在有专人看管的条件下进行安装。

6.0.3　消防控制室和装有控制器的房间工作完毕后应及时上锁，关好门窗，设备应罩上防尘防潮罩。

6.0.4　报警探测器应先装上底座，并戴上防尘罩调试时再装探头。

6.0.5　端子箱和模块箱在工作完毕后要箱门上锁。把箱体罩上以保护箱体不被污染。

6.0.6　易丢失损坏的设备如手动报警按钮、喇叭、电话及电话插孔等应最后安装，要有保护措施。

7　注意事项

7.1　应注意的质量问题

7.1.1　导线的相间、相对地绝缘电阻不应小于 20MΩ。摇测导线绝缘电阻时应将火灾自动报警系统设备从导线上断开。

7.1.2　探测器安装的位置和型号应符合设计和工艺规范要求，安装位置确定的原则首先要保证功能，其次是美观，如与其他工种设备安装相干扰时，应通知设计及有关单位协商解决。

7.1.3　设备上压接的导线，要按设计和厂家要求编码，编码记录齐全完整，压接应牢结，不允许出现反圈现象，同一端子不能压接两根以上导线。

7.1.4　调试时要先单机后联调，对于探测器等设备要求百分之百地进行功能调试，不能有遗漏，以确保整个火灾自动报警系统有效运行。

7.2　应注意的安全问题

7.2.1　施工前及施工期间应进行安全交底。

7.2.2　登高作业，脚手架和梯子应安全可靠，梯子应有防滑措施，不得两人同梯作业。

7.2.3 遇有大风或强雷雨天气，不得进行户外高空安装作业。

7.2.4 进入施工现场，应戴安全帽；高空作业时，应系好安全带。

7.2.5 施工现场应注意防火，并应配备有效的消防器材。

7.2.6 在安装、清洁有源设备前，应先将设备断电，不得用液体、潮湿的布料清洗或擦拭带电设备。

7.2.7 设备应放置稳固，并应防止水或湿气进入有源硬件设备机壳。

7.2.8 硬件设备工作时不得打开外壳。

7.2.9 设备通电调试前，必须检查线路接线是否正确，确认无误后，方可通电调试。确认工作电压同有源设备额定电压一致。

7.2.10 交叉作业时应注意周围环境，禁止乱抛工具或材料。

7.3 应注意的绿色施工问题

7.3.1 现场垃圾和废料应堆放在指定地点，及时清运或回收，不得随意抛撒；

7.3.2 现场施工机具噪声应采取相应措施，最大限度降低噪声；

7.3.3 应采取措施控制施工过程中的粉尘污染。

7.3.4 应节约用料、降低消耗、提高宏观节能意识；

7.3.5 应选用节能型照明灯具、降低照明电耗、提高照明质量；

7.3.6 应对施工用电动工具及时维护、检修、保养及更新置换，并应及时清除系统故障，降低能耗。

8 质量记录

8.0.1 材料、设备出厂合格证、生产许可证、安装技术文件、“CCC”认证证书。

8.0.2 材料、构配件进场检验记录。

8.0.3 隐蔽工程检验记录。

8.0.4 工程安装质量及观感质量检查记录。

8.0.5 系统调试及试运行记录。

8.0.6 分项工程检验批质量验收记录表。

8.0.7 子系统检测记录。

第 10 章　视频监控系统

本工艺标准适用于建筑工程中视频监控系统的安装。

1　引用标准

《智能建筑工程施工规范》GB 50606—2010

《智能建筑工程质量验收规范》GB 50339—2013

《建筑工程施工质量验收统一标准》GB 50300—2013

《民用闭路监控电视系统工程技术规范》GB 50198—2011

《安全防范工程技术规范》GB 50348—2004

《安全防范工程程序与要求》GA/T 75—1994

2　术语（略）

3　施工准备

3.1　作业条件

3.1.1　施工方案已编制、审批完成。

3.1.2　施工前，应组织施工人员熟悉图纸、方案及专业设备使用说明书，并进行有针对性的培训及安全、技术交底。

3.1.3　控制室内、弱电竖井、建筑物其他公共部分及外围的线缆沟、槽、管、箱、施工完毕。

3.1.4　与传输线路有关的道路（包括横跨道路）施工已完成。

3.1.5　土建装修及浆活全部完成，机柜的基础槽钢设置完成。

3.2　材料及机具

3.2.1　前端部分：矩阵切换控制器、数字矩阵、网络交换机、控制器、存储设备、显示设备、计算机、打印机、不间断电源等。

3.2.2 传输部分：网络交换机、光/电转换器、信号放大器、视频分配器、分线箱、同轴电缆、光缆、信号线、电源线、控制线等。

3.2.3 终端部分：摄像机、镜头、云台、解码器、防护罩、支架、红外灯、避雷接地装置等。

3.2.4 材料、设备应附有产品合格证、质检报告，设备应有产品合格证、质检报告、说明书等；进口产品应提供原产地证明和商检证明、质量合格证明、检测报告及安装、使用、维护说明书的中文文本。

3.2.5 检查线缆、设备的品牌、产地、型号、规格、数量及外观，主要技术参数及性能等均应符合设计要求，外表无损伤，填写进场检验记录，并封存相关线缆、器件样品。

3.2.6 设备规格、型号、数量应符合设计要求，产品应有合格证及国家强制产品认证“CCC”标识。有源部件均应通电检查，并应确认其实际功能和技术指标与标称相符；硬件设备及材料应重点检查安全性、可靠性及电磁兼容性等项目。

3.2.7 安装工具齐备、完好，电动工具应进行绝缘检查，施工过程中所使用的测量仪器和测量工具应根据国家相关法规进行标定，施工人员应持证上岗。

3.2.8 镀锌材料：镀锌钢管、镀锌线槽、金属膨胀螺栓、金属软管、接地螺栓。

3.2.9 其他材料：塑料胀管、接线端子、钻头、焊锡、焊剂、绝缘胶布、塑料胶布、接头等。

3.2.10 主要安装机具、测试机具：手电钻、电锤、电烙铁、电工组合工具、对讲机、BNC 接头专用压线钳、RJ45 专用压线钳、尖嘴钳、剥线钳、光缆接续设备、脚手架、梯子、万用表、工程宝、测线仪、兆欧表、水平尺、钢尺等。

4 操作工艺

4.1 工艺流程

桥架、管线敷设 → 分线箱安装 → 终端设备安装 → 机房设备安装 → 细部处理 → 系统调试

4.2 桥架、管线敷设

4.2.1 桥架、管线敷设除执行本书“金属线槽安装施工工艺”、“电线保护管敷设施工工艺”的规定外，尚应符合下列要求：

1 敷设光缆前，应对光纤进行检查；光纤应无断点，其衰耗值应符合设计要求。

2 核对光缆的长度，并应根据施工图的敷设长度来选配光缆。配盘时应使接头避开河沟、交通要道和其他障碍物；架空光缆的接头应设在杆旁 1m 以内。

3 敷设光缆时，其弯曲半径不应小于光缆外径的 20 倍。光缆的牵引端头应作好技术处理；可采用牵引力自动控制性能的牵引机进行牵引。牵引力应加于加强芯上，其牵引力不应超过 150kg；牵引速度宜为 10m/min；一次牵引的直线长度不宜超过 1km。

4 光缆敷设完毕，应检查光纤有无损伤，并对光缆敷设损耗进行抽测。确认没有损伤时，再进行接续。

5 架空光缆应在杆下设置伸缩余兜，其数量应根据所在冰凌负荷区级别确定，对重负荷区宜每杆设一个；中负荷区 2～3 根杆宜设一个；轻负荷区可不设，但中间不得绷紧。光缆余兜的宽度宜为 1.52～2m；深度宜为 0.2～0.25m。

6 光缆架设完毕，应将余缆端头用塑料胶带包扎，盘成圈置于光缆预留盒中；预留盒应固定在杆上。地下光缆引上电杆，必须采用钢管保护。

7 管道光缆敷设时，无接头的光缆在直道上敷设应由人工逐个入孔同步牵引。预先作好接头的光缆，其接头部分不得在管道内穿行；光缆端头应用塑料胶带包好，盘成圈放置在托架高处。

8 光缆的接续应由受过专门训练的人员操作，接续时应采用光功率计或其他仪器进行监视，使接续损耗达到最小；接续后应做好接续保护，并安装好光缆接头护套。

9 光缆敷设后，宜测量通道的总损耗，并用光时域反射计观察光纤通道全程波导衰减特性曲线。在光缆的接续点和终端应作永久性标志。

4.3 分线箱安装

4.3.1 暗装箱体面板应与建筑装饰面配合严密。严禁采用电焊或气焊将箱体与预埋管口焊接。

4.3.2 分线箱安装高度设计有要求时以设计要求为准，设计无要求时，底边距地面不低于 1.4m。

4.3.3 明装壁挂式分线箱、端子箱或声柱箱时，先将引线与箱内导线用端子做过渡压接，然后将端子放回接线箱。找准标高进行钻孔，埋入胀管螺栓进行固定。要求箱底与墙面平齐。

4.3.4 解码器箱一般安装在现场摄像机附近。安装在吊顶内时，应预留检修口；室外安装时应有良好的防水性，并做好防雷接地措施。

4.3.5 当传输线路超长需用放大器时，放大器箱安装位置应符合设计要求，并具有良好的防水、防尘性。

4.3.6 线管不便于直接敷设到位时，线管出线口与设备接线端子之间必须采用金属软管连接，不得将线缆直接裸露，金属软管长度不大于 1m。

4.4 终端设备安装

4.4.1 摄像机安装满足监视目标视场范围要求，其安装高度：室内离地宜不低于 2.5m；室外离地宜不低于 3.5m。

4.4.2 摄像机及其配套装置，如镜头、防护罩、支架、雨刷等设备，安装应灵活牢固，注意防破坏，并与周边环境相协调。如图 10-1。

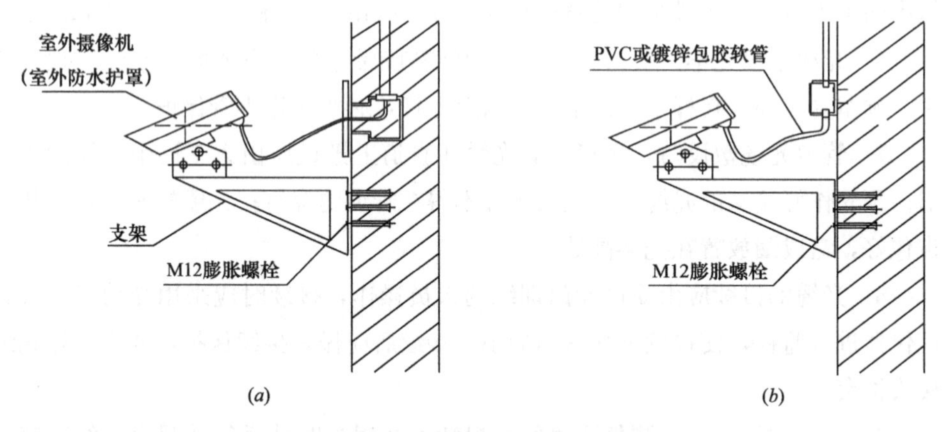

图 10-1 摄像机及其配套装置安装

(*a*) 室外墙壁暗管安装；(*b*) 室外墙壁明管安装

4.4.3 电梯厢内的摄像机应安装在厢门上方的左或右侧，能有效监视电梯厢内乘员面部特征。

4.4.4 云台安装应牢固，转动时无晃动。

4.4.5 解码器应安装在云台附近或吊顶内（但须留有检修孔）。

4.4.6　摄像机及镜头安装前应通电检测，工作应正常。镜头安装时前端尽量避免光源直射。网络摄像机的编码应按设计准确无误。

4.4.7　确定摄像机的安装位置时应考虑设备自身安全，其视场不应被遮挡。

4.4.8　架空线入云台时，滴水弯的弯度不应小于电（光）缆的最小弯曲半径。

4.4.9　安装室外摄像机、解码器应采取防雨、防腐、防雷措施。

4.4.10　摄像机安装在立杆上，如现场土壤情况较好（石沙等不导电物质较少）的情况下，可以利用立杆直接接地，把摄像机与防雷器的地线直接焊接在立杆上。如果现场土壤情况恶劣（石沙等不导电物质较多），则要借用导电设备，利用扁钢与角钢等沿立杆拉下，防雷器和摄像机的地线与扁钢妥善焊接，用角钢打入地底 2～3m，与扁钢焊接好。地阻测试根据国标小于 4Ω 即可。如图 10-2。

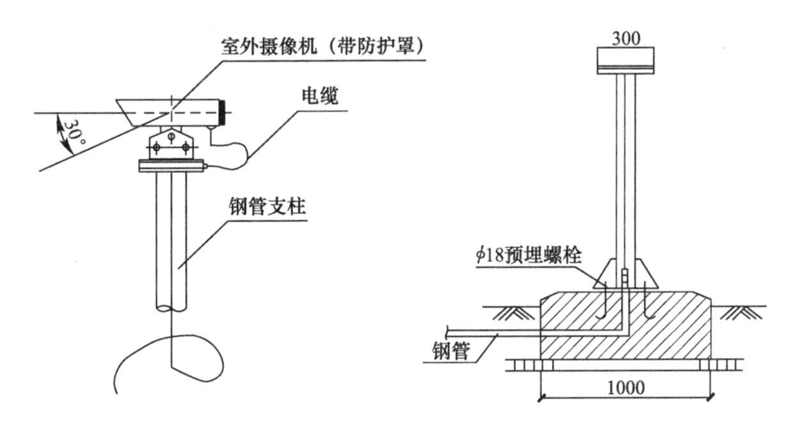

图 10-2　摄像机安装在立杆上

4.4.11　光端机、编码器和设备箱的安装应符合下列规定：

1　光端机或编码器应安装在摄像机附近的设备箱内，设备箱应具有防尘、防水、防盗功能。

2　视频编码器安装前应与前端摄像机连接测试，图像传输与数据通信正常后方可安装。

3　设备箱内设备排列应整齐、走线应有标识和线路图。

4.5　机房设备安装

4.5.1　机架安装应符合下列规定：

1　机架安装位置应符合设计要求，当有困难时可根据电缆地槽和接线盒位置作适当调整。

2 机架的底座应与地面固定。机架安装应竖直平稳，垂直偏差不得超过1‰。

3 几个机架并排在一起，面板应在同一平面上并与基准线平行，前后偏差不得大于3mm；两个机架中间缝隙不得大于3mm。对于相互有一定间隔而排成一列的设备，其面板前后偏差不得大于5mm。

4 机架内的设备、部件的安装，应在机架定位完毕并加固后进行，安装在机架内的设备应牢固、端正。

5 机架上的固定螺丝、垫片和弹簧垫圈均应按要求紧固不得遗漏。

4.5.2 控制台安装应符合下列规定：

1 控制台位置应符合设计要求。

2 控制台应安放竖直，台面水平。

3 附件完整，无损伤，螺丝紧固，台面整洁无划痕。

4 台内接插件和设备接触应可靠，安装应牢固；内部接线应符合设计要求，无扭曲脱落现象。

4.5.3 监视器的安装应符合下列要求：

1 监视器可装设在固定的机架和柜上，也可装设在控制台操作柜上。当装在柜内时，应采取通风散热措施。

2 监视器的安装位置应使屏幕不受外来光直射，当有不可避免的光时，应加遮光罩遮挡。

3 监视器的外部可调节部分，应暴露在便于操作的位置，并可加保护盖。

4.6 细部处理

4.6.1 线缆绑扎部位

1 对于插头处的线缆绑扎应按布放顺序进行绑扎，防止电缆互相缠绕，电缆绑扎后应保持顺直，水平电缆的扎带绑扎位置高度应相同，垂直线缆绑扎后应能保持顺直，并与地面垂直。

2 选用扎带时应视具体情况选择合适的扎带规格，尽量避免使用多根扎带连接后并扎，以免绑扎后强度降低。扎带扎好后应将多余部分齐根平滑剪齐，在接头处不得带有尖刺。

3 电缆绑扎成束时，一般是根据线缆的粗细程度来决定两根扎带之间的距离。扎带间距应为电缆束直径的3～4倍。

4　绑扎成束的电缆转弯时，扎带应扎在转角两侧，以避免在电缆转弯处用力过大造成断芯的故障。

5　机柜内电缆应由远及近顺次布放，即最远端的电缆应最先布放，使其位于走线区的底层，布放时尽量避免线缆交错。

4.6.2　控制室部位

1　一级和二级公共广播系统的监控室（或机房）的电源应设专用的空气开关（或断路器），且宜由独立回路供电，不宜与动力或照明共用同一供电回路。

2　引入、引出房屋的电（光）缆，在出入口处应加装防水罩，向上引入、引出的电（光）缆，在出入口处还应做滴水弯，其弯度不得小于电（光）缆的最小弯曲半径。电（光）缆沿墙上下引入、引出时应设支持物。电（光）缆应固定（绑扎）在支持物上，支持物的间隔距离不宜大于 1m。

3　控制室内光缆的敷设，在电缆走道上时，光端机上的光缆宜预留 10m；余缆盘成圈后应妥善放置。光缆至光端机的光纤连接器的耦合工艺，应严格按有关要求进行。

4　视频监控系统的控制功能、监视功能、显示功能、回放功能、报警联动功能和图像丢失报警功能的检测。

4.7　系统调试

4.7.1　调试摄像机的监控范围、聚焦、环境照度与抗逆光效果等，使图像清晰度、灰度等级达到系统相关技术指标。

4.7.2　调整云台和镜头的遥控功能，达到有效工作范围，排除遥控延迟和机械冲击不良现象。

4.7.3　调整视频切换控制主机的操作程序、图像切换、云台镜头遥控、字符叠加等功能，保证工作正常，满足设计要求。

4.7.4　检查与调试监视图像与回放图像应清晰、有效，至少应达到可用图像水平。

4.7.5　检查摄像机与镜头的配合、控制和功能部件，应保证工作正常。

4.7.6　图像显示画面上应叠加摄像机位置、时间、日期等字符，字符应清晰、明显。

4.7.7　电梯桥厢内摄像机图像画面应叠加楼层等标识，电梯乘员图像应清晰。

4.7.8 当本系统与其他系统进行集成时，应检查系统与集成系统的联网接口及该系统的集中管理和集成控制能力。

4.7.9 应检查视频型号丢失报警功能。

4.7.10 数字视频系统图像还原性及延时等应符合设计要求。

4.7.11 安全防范综合管理系统的文字处理、动态报警信息处理、图表和图像处理、系统操作应在同一套计算机系统上完成。

4.7.12 当系统具有报警联动功能时，调试与检查自动开启摄像机电源、自动切换音视频到指定监视器、自动实时录像等功能。系统应叠加摄像时间、摄像机位置（含电梯楼层显示）的标识符，并显示稳定。当系统需要灯光联动时，应检查灯光打开后图像质量是否达到设计要求。

4.7.13 黑光和星光摄像，要试验夜间无光源和低照度光源环境的图像效果，必须满足设计功能。

5 质量标准

5.1 主控项目

5.1.1 系统主要设备安装应安装牢固、接线正确，并应采取有效的抗干扰措施。

5.1.2 检查系统的互联互通，子系统之间的联动应符合设计要求。

5.1.3 监控中心系统记录的图像质量和保存时间应符合设计要求。

5.1.4 监控中心接地应做等电位连接，接地电阻应符合设计要求。

5.1.5 网络摄像机的 IP 段划分和编码应符合设计要求，逐一规划。

5.1.6 人像识别准确率满足设计要求。

5.2 一般项目

5.2.1 各设备、器件的端接应规范。

5.2.2 视频图像应无干扰纹。

5.2.3 室外设备应有防雷保护接地，并应设置线路浪涌保护器。

5.2.4 室外的交流供电线路、控制信号线路应有金属屏蔽层并穿钢管埋地敷设，钢管两端应可靠接地。

5.2.5 室外摄像机应置于避雷针或其他接闪导体有效保护范围之内。

5.2.6 摄像机立杆接地极防雷接地电阻应小于 10Ω。

5.2.7　设备的金属外壳、机柜、控制台、外露的金属管、槽、屏蔽线缆外层及浪涌保护器接地端等均应最短距离与等电位连接网络的接地端子连接。

5.2.8　电视墙、控制台安装的允许偏差项目见表 10-1。

电视墙、控制台安装的允许偏差　　**表 10-1**

项目	允许偏差（mm）		检验方法
	国标、行标	企标	
电视墙、控制台安装的垂直偏差	≤1.5/1000	≤1.5/1000	尺量
并立电视墙正面平面的前后偏差	≤2mm	≤2mm	尺量
两台电视墙（或控制台）中间缝隙	≤2mm	≤2mm	尺量

6　成品保护

6.0.1　安装摄像机支架、护罩、解码器箱时，应保持吊顶、墙面整洁。

6.0.2　对现场安装的解码器箱和摄像机做好防护措施，避免碰撞及损伤。

6.0.3　机房内应采取防尘、防潮、防污染及防水措施。为了防止损坏设备和丢失零部件，应及时关好门窗，门上锁并派专人负责。

6.0.4　做好安装工程的成品保护工作的同时，做好对土建、装修等其他工程的成品保护工作，严禁野蛮施工。

6.0.5　冬、雨期施工，做好设备、成品（半成品）及材料的防护工作（防冻、防潮、防淋、防晒）。

7　注意事项

7.1　应注意的质量问题

7.1.1　设备之间、干线与端子处应压接牢固，防止导线松动或脱落。

7.1.2　使用屏蔽线时，外铜网应与芯线分开，以防信号短路。

7.1.3　应将屏蔽线和设备外壳可靠接地，以防噪声过大。

7.1.4　压接导线时，应认真摇测各回路的绝缘电阻，如造成调试困难时，应拆开压接导线重新进行复核，直到准确无误为止。

7.1.5　柜（盘）、箱的接地导线截面不符合要求、压接不牢：应按要求选用接地导线，压接时应配好防松垫圈且压接牢固，并做明显接地标记，以便于检查。

7.2 应注意的安全问题

7.2.1 交叉作业时应注意周围环境，禁止乱抛工具和材料。

7.2.2 在高空安装大型扬声器时，必须搭设脚手架。不得坐在管子上开孔和据管。禁止在已通介质和带压力的管道上开孔。

7.2.3 设备通电调试前，必须检查线路接线是否正确，确认无误后，方可通电调试。

7.3 应注意的绿色施工问题

7.3.1 施工中产生的废料及拆除的废旧管材应及时回收，不得按一般垃圾处理。

7.3.2 施工现场提倡文明施工，建立健全控制人为噪声的管理制度。尽量减少人为的大声喧哗，增强全体施工人员防噪声干扰的自觉意识。

7.3.3 凡在进行强噪声作业的，严格控制作业时间，尽量安排晚间作业，特殊情况需连续作业（或夜间作业）的，应尽量采取降噪措施，事先做好周围防护的工作，并报建设单位备案后方可施工。

8 质量记录

8.0.1 材料、设备出厂合格证、生产许可证、安装技术文件和“CCC”认证及证书复印件。

8.0.2 材料、设备进场验收记录。

8.0.3 设备开箱检验记录。

8.0.4 设计变更、工程洽商记录。

8.0.5 隐蔽工程验收记录和中间试验记录。

8.0.6 预检记录。

8.0.7 电线、电缆导管和线槽敷设分项工程质量验收记录。

8.0.8 分项工程检验批质量验收记录。

8.0.9 工程质量事故处理记录。

8.0.10 竣工图、编码表和交换机端口记录。

8.0.11 系统“使用手册”编制齐全完整，满足使用和维护要求。

第11章　入侵报警系统

本工艺标准适用于建筑工程中入侵报警系统的安装。

1　引用标准

《智能建筑工程施工规范》GB 50606—2010

《智能建筑工程质量验收规范》GB 50339—2013

《建筑工程施工质量验收统一标准》GB 50300—2013

《安全防范工程技术规范》GB 50348—2004

《入侵报警系统工程设计规范》GB 50394—2007

2　术语（略）

3　施工准备

3.1　作业条件

3.1.1　施工方案已编制、审批完成。已进行施工图纸技术交底，施工要求明确。

3.1.2　管理室内土建工程内装修完毕，门、窗、门锁装配齐全完整。

3.1.3　与传输线路有关的道路（包括横跨道路）施工已完成。

3.1.4　线缆沟、槽、管、盒、箱施工已完成。

3.2　材料及机具

3.2.1　前端部分：报警通信主机、键盘、声/光报警器、警灯、警铃、计算机（内置系统管理软件）、打印机、不间断电源等。

3.2.2　传输部分：报警控制箱、电线、电缆等。

3.2.3　终端部分：门（窗）磁、主（被）动红外探测器、微波探测器、超声波探测器、双鉴探测器、报警按钮、玻璃破碎探测器、电磁门锁、周界探测器等。

3.2.4 材料、设备应附有产品合格证、质检报告，设备应有产品合格证、质检报告、说明书等；进口产品应提供原产地证明和商检证明、质量合格证明、检测报告及安装、使用、维护说明书的中文文本。

3.2.5 检查线缆、设备的品牌、产地、型号、规格、数量及外观，主要技术参数及性能等均应符合设计要求，外表无损伤，填写进场检验记录，并封存相关线缆、器件样品。

3.2.6 设备规格、型号、数量应符合设计要求，产品应有合格证及国家强制产品认证“CCC”标识。有源部件均应通电检查，并应确认其实际功能和技术指标与标称相符；硬件设备及材料应重点检查安全性、可靠性及电磁兼容性等项目。

3.2.7 安装工具齐备、完好，电动工具应进行绝缘检查，施工过程中所使用的测量仪器和测量工具应根据国家相关法规进行标定，施工人员应持证上岗。

3.2.8 镀锌材料：镀锌钢管、镀锌线槽、金属膨胀螺栓、金属软管、接地螺栓。

3.2.9 其他材料：塑料胀管、接线端子、钻头、焊锡、焊剂、绝缘胶布、塑料胶布、接头等。

3.2.10 主要安装机具、测试机具：手电钻、冲击钻、电工组合工具、梯子、250V兆欧表、500V兆欧表、对讲机、水平尺、小线。

4 操作工艺

4.1 工艺流程

管线敷设→报警控制箱安装→终端设备安装→控制设备安装→细部处理→系统调试

4.2 管线敷设

4.2.1 管线敷设除应执行本书“电线保护管敷设施工工艺”的规定外，尚应符合下列要求：

1 传输方式的选择应根据系统规模、系统功能、现场环境和管理方式综合确定；宜采用专用有线传输方式。

2 控制信号电缆应采用铜芯，其芯线的截面积在满足技术要求的前提下，不应小于0.50mm^2；穿导管敷设的电缆，芯线的截面积不应小于0.75mm^2。

3　电源线所采用的铜芯绝缘电线、电缆芯线的截面积不应小于 1.0mm^2，耐压不应低于 300/500V。

4　信号传输线缆应敷设在接地良好的金属导管或金属线槽内。

4.3　报警控制箱安装

4.3.1　报警控制箱安装高度以设计要求为准，在设计无要求时，宜安装于较隐蔽或安全的地方，底边距地面不低于 1.4m。

4.3.2　暗装报警控制箱时，面板应与建筑装饰面配合严密。严禁采用电焊或气焊将箱体与预埋管口焊接。

4.3.3　明装报警控制箱时，先将引线与箱内导线用端子做过渡压接，然后将端子放回接线箱。找准标高进行钻孔，埋入胀管螺栓进行固定。要求箱底与墙面平齐。

4.3.4　线管不便于直接敷设到位时，线管出线口与设备接线端子之间必须采用金属软管连接，不得将线缆直接裸露，金属软管长度不大于 1m。

4.3.5　报警控制箱的交流电源应单独敷设，严禁与信号信号线或低压直流电源线穿在同一管内。

4.4　终端设备安装

4.4.1　各类探测器的安装，应根据所选产品的特性及警戒范围的要求进行安装。

4.4.2　周界入侵探测器的安装，防区要交叉、盲区要避免，并应符合产品使用和防护范围的要求。

4.4.3　探测器底座和支架应固定牢靠。

4.4.4　导线连接应采用可靠方式，外接部分不得外露，并留有适当余量。

4.4.5　入侵探测器盲区边缘与防护目标间的距离不应小于 5m。

4.4.6　入侵探测器的设置宜远离影响其工作的电磁辐射、热辐射、光辐射、噪声、气象方面等不利环境，当不能满足要求时，应采取防护措施。

4.4.7　入侵探测器的灵敏度应满足设防要求，并应可进行调节。

4.4.8　采用室外双束或四束主动红外探测器时，探测器最远警戒距离不应大于其最大射束距离的 2/3。

4.4.9　门磁、窗磁开关应安装在普通门、窗的内上侧；无框门、卷帘门可安装在门的下侧。

4.4.10 紧急报警按钮的设置应隐蔽、安全并便于操作，并应具有防触发、触发报警自锁、人工复位等功能。

4.4.11 室外探测器的安装位置应在干燥、通风、不积水处，并应有防水、防潮措施。

4.4.12 磁控开关宜装在门或窗内，安装应牢固、整齐、美观。

4.4.13 振动探测器安装位置应远离电机、水泵和水箱等震动源。

4.4.14 红外对射探测器安装时接收端应避开太阳直射光，避开其他大功率灯光直射，应顺光方向安装。探测器收、发装置应相互正对，且中间不得有遮挡物。见图 11-1。

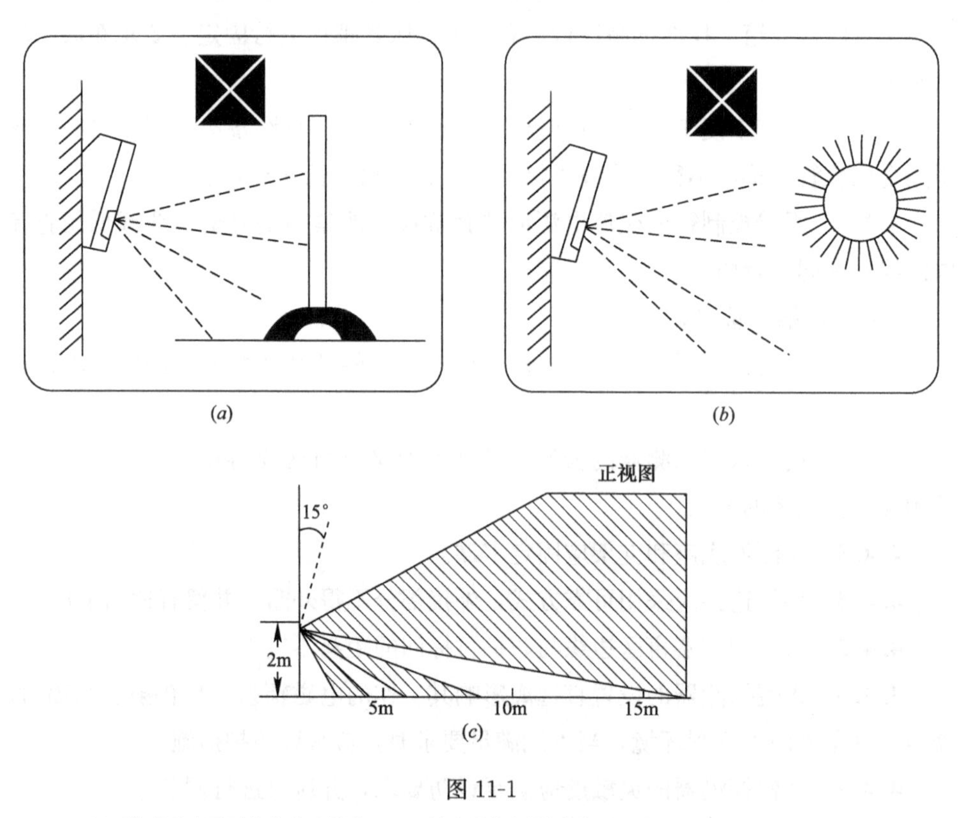

图 11-1

(a) 警戒区内不要有高大遮挡物；(b) 请勿将探测器直接对准太阳；(c) 探测器警戒距离

4.5 控制设备安装

4.5.1 报警控制器宜安装在具有安全防护的弱电间内或管理室内，应配备可靠电源。

4.5.2 控制器的主电源引入线，应直接与消防电源连接，严禁使用电源插头。主电源应有明显标志。

4.5.3 控制器的接地应牢固，并有明显标志。

4.5.4 安装控制台摆放整齐，安装位置应符合设计要求。

4.6 细部处理

4.6.1 管线部位

1 敷设在竖井内和穿越不同防火分区管线的孔洞，应有防火封堵。

2 桥架、管线经过建筑物的变形缝处应设置补偿装置，线缆应留余量。

3 线管及接线盒应可靠接地，当采用联合接地时，接地电阻不应大于1Ω。

4.6.2 机房部位

1 系统应具有自检功能及设备防拆报警和故障报警功能。

2 在探测器防护区内发生入侵事件时，系统不应产生漏报警，平时宜避免误报警。

3 系统应显示和记录发生的入侵事件、时间和地点；重要部位报警时，系统应对报警现场进行声音或图像复核。

4.7 系统调试

4.7.1 在计算机管理主机上安装入侵报警系统管理软件，并进行初始化设置。

4.7.2 分别对各报警控制器进行地址编码，储存于计算机管理主机内，并进行记录。

4.7.3 对探测器进行盲区检测、防动物功能检测、防拆功能检测、信号线开路或短路报警功能检测、电源线被剪的报警功能检测、现场设备接入率及完好率测试等。

4.7.4 检查探测器的探测范围、灵敏度、误报警、漏报警、报警状态后的恢复、防拆保护等功能与指标，检查结果应符合设计要求。

4.7.5 检查报警联动功能，电子地图显示功能及从报警到显示、录像的系统反应时间，检查结果应符合设计要求。

4.7.6 检查控制器的本地、异地报警、防破坏报警、布撤防、报警优先、自检及显示等功能。

4.7.7 应配合安全防范系统联调，检测报警信息传输及报警联动控制功能。

5 质量标准

5.1 主控项目

5.1.1 探测器的盲区检测、防动物功能检测。

5.1.2 探测器的防破坏功能检测包括报警器的防拆功能、信号线开路或短路报警功能、电源线被剪的报警功能。

5.1.3 探测器灵敏度检测。

5.1.4 系统控制功能检测包括系统的撤防、布防功能，关机报警功能，系统后备电源自动切换功能等。

5.1.5 系统通信功能检测应包括报警信息的传输、报警响应功能的检测。

5.1.6 现场设备的接入率及完好率检测。

5.1.7 系统的联动功能检测包括报警信号对现场相关照明系统的触发、对监控摄像机的自动启动、视频安防监控与视频画面的自动调入、相关出入口的自动启闭、录像设备的自动启动等。

5.1.8 报警系统管理软件（含电子地图）功能检测。

5.1.9 报警系统报警事件存储记录的保存时间应满足管理要求。

5.1.10 系统功能和软件全部检测，功能符合设计要求为合格，合格率为100％时为系统功能检测合格。

5.1.11 系统保护接地的接地电阻不应大于1Ω。

5.2 一般项目

5.2.1 终端设备安装应牢固可靠。

5.2.2 箱内线缆应排列整齐，分类绑扎成束，并留有适当余量。

5.2.3 箱、盒内应清洁无杂物，且设备表面无划痕及损伤。

6 成品保护

6.0.1 安装完毕的探测器应加强保护措施，防止碰伤及损坏。

6.0.2 为防止损坏设备和丢失零部件，应及时关好门窗，门上锁并派专人负责。

6.0.3 安装探测器和报警设备时，应注意保持吊顶、墙面整洁。

6.0.4 做好安装工程的成品保护工作的同时，做好对土建、装修等其他工程的成品保护工作，严禁野蛮施工。

6.0.5 冬、雨期施工，做好设备、成品（半成品）及材料的防护工作（防冻、防潮、防淋、防晒）。

7 注意事项

7.1 应注意的质量问题

7.1.1 设备之间、干线与端子处应压接牢固，防止导线松动或脱落。

7.1.2 使用屏蔽线时，外铜网应与芯线分开，以防信号短路。

7.1.3 应及时清理盒、箱内杂物，以防盒、箱内管路堵塞。

7.1.4 导线在箱、盒内应预留适当余量，并绑扎成束，防止箱内导线杂乱。

7.1.5 压接导线时，应认真摇测各回路的绝缘电阻，如造成调试困难时，应拆开压接导线重新进行复核，直到准确无误为止。

7.2 应注意的安全问题

7.2.1 交叉作业时应注意周围环境，禁止乱抛工具和材料。

7.2.2 在高空安装报警探测器时，必须搭设脚手架。不得坐在管子上开孔和据管。禁止在已通介质和带压力的管道上开孔。

7.2.3 登高作业时，脚手架和梯子应安全可靠，脚手架不得铺有探头版，梯子应有防滑措施，不允许两人同梯作业。

7.2.4 设备通电调试前，必须检查线路接线是否正确，确认无误后，方可通电调试。

7.3 应注意的绿色施工问题

7.3.1 施工中产生的废料及拆除的废旧管材应及时回收，不得按一般垃圾处理。

7.3.2 施工现场提倡文明施工，建立健全控制人为噪声的管理制度。尽量减少人为的大声喧哗，增强全体施工人员防噪声干扰的自觉意识。

7.3.3 凡在进行强噪声作业的，严格控制作业时间，尽量安排晚间作业，特殊情况需连续作业（或夜间作业）的，应尽量采取降噪措施，事先做好周围防护的工作，并报建设单位备案后方可施工。

8 质量记录

8.0.1 材料、设备出厂合格证、生产许可证、安装技术文件和“CCC”认证及证书复印件。

8.0.2 材料、设备进场验收记录。

8.0.3 设备开箱检验记录。

8.0.4 设计变更、工程洽商记录。

8.0.5 隐蔽工程验收记录和中间试验记录。

8.0.6 预检记录。

8.0.7 电线、电缆导管和线槽敷设分项工程质量验收记录。

8.0.8 分项工程检验批质量验收记录。

8.0.9 工程质量事故处理记录。

第12章　门禁控制系统

本工艺标准适用于建筑工程中门禁控制系统的安装。

1　引用标准

《智能建筑工程施工规范》GB 50606—2010

《智能建筑工程质量验收规范》GB 50339—2013

《建筑工程施工质量验收统一标准》GB 50300—2013

《出入口控制系统工程设计规范》GB 50396—2007

2　术语（略）

3　施工准备

3.1　作业条件

3.1.1　施工方案已编制、审批完成。已进行施工图纸技术交底，施工要求明确。

3.1.2　土建工程内装修已完毕，门、窗、门锁安装齐全。

3.1.3 线缆沟、槽、管、盒、箱施工已完成。

3.2　材料及机具

3.2.1　前端部分：门禁主机、计算机（内置系统管理软件）、打印机、不间断电源等。

3.2.2　传输部分：门禁控制器、电线、电缆等。

3.2.3　终端部分：电控锁、电磁锁、门磁、出门按钮、读卡器、密码键盘等。

3.2.4　材料、设备应附有产品合格证、质检报告，设备应有产品合格证、质检报告、说明书等；进口产品应提供原产地证明和商检证明、质量合格证明、检测报告及安装、使用、维护说明书的中文文本。

3.2.5 检查线缆、设备的品牌、产地、型号、规格、数量及外观，主要技术参数及性能等均应符合设计要求，外表无损伤，填写进场检验记录，并封存相关线缆、器件样品。

3.2.6 设备规格、型号、数量应符合设计要求，产品应有合格证及国家强制产品认证“CCC”标识。有源部件均应通电检查，并应确认其实际功能和技术指标与标称相符；硬件设备及材料应重点检查安全性、可靠性及电磁兼容性等项目。

3.2.7 安装工具齐备、完好，电动工具应进行绝缘检查，施工过程中所使用的测量仪器和测量工具应根据国家相关法规进行标定，施工人员应持证上岗。

3.2.8 镀锌材料：镀锌钢管、镀锌线槽、金属膨胀螺栓、金属软管、接地螺栓。

3.2.9 其他材料：塑料胀管、接线端子、钻头、焊锡、焊剂、绝缘胶布、塑料胶布、接头等。

3.2.10 主要安装机具、测试机具：手电钻、冲击钻、电工组合工具、梯子、250V兆欧表、500V兆欧表、对讲机、水平尺、小线。

4 操作工艺

4.1 工艺流程

管线敷设→设备箱安装→终端设备安装→细部处理→系统调试

4.2 管线敷设

4.2.1 管线敷设除应执行本书“电线保护管敷设施工工艺”的规定外，尚应符合下列要求：

1 识读设备与控制器之间的通信用信号线宜采用多芯屏蔽双绞线。

2 门磁开关及出门按钮与控制器之间的通信用信号线，线芯最小截面积不宜小于0.50mm²。

3 控制器与管理主机之间的通信用信号线宜采用双绞铜芯绝缘导线，其线径根据传输距离而定，线芯最小截面积不宜小于0.50mm²。

4 控制器与执行设备之间的绝缘导线，线芯最小截面积不宜小于0.75mm²。

4.3　设备箱安装

4.3.1　设备箱安装高度以设计要求为准，在设计无要求时，宜安装于较隐蔽或安全的地方，底边距地面不低于 1.4m。

4.3.2　暗装设备箱时，面板应与建筑装饰面配合严密。严禁采用电焊或气焊将箱体与预埋管口焊接。

4.3.3　明装设备时，先将引线与箱内导线用端子做过渡压接，然后将端子放回接线箱。找准标高进行钻孔，埋入胀管螺栓进行固定。要求箱底与墙面平齐。

4.3.4　线管不便于直接敷设到位时，线管出线口与设备接线端子之间必须采用金属软管连接，不得将线缆直接裸露，金属软管长度不大于 1m。

4.3.5　设备箱的交流电源应单独敷设，严禁与信号信号线或低压直流电源线穿在同一管内。

4.4　终端设备安装

4.4.1　识读设备的安装位置应避免强电磁辐射辐射源、潮湿、有腐蚀性等恶劣环境。

4.4.2　控制器、读卡器不应与大电流设备共用电源插座。

4.4.3　控制器宜安装在弱电间等便于维护的地点。

4.4.4　读卡器类设备完成后应加防护结构面，并应能防御破坏性攻击和技术开启。

4.4.5　控制器与读卡机间的距离不宜大于 50m。

4.4.6　配套锁具安装应牢固，启闭应灵活。

4.4.7　使用人脸、眼纹、指纹、掌纹等生物识别技术进行识读的出入口控制系统设备的安装应符合产品技术说明书的要求。

4.4.8　电源容量要选择在正常工作状态下满足最大负载的要求。工作电压不应超过 50V。

4.4.9　当电源故障时无须考虑安全及安防问题的情况下，可通过变压器直接使用市电，对于电气干扰较严重的环境，须考虑净化电源。

4.4.10　供电电源位置应放置于受控区内并有门控防护。

4.4.11　电源必须是通过保险永久性连接而不是通过接插件连接。

4.4.12　低压电缆不能与供电线缆在同一入口处进入供电电源箱内。

4.4.13 当供电电源故障时，如果要求系统要连续工作，则需选用备用电源，备用电源容量应不小于使系统连续工作的用户要求的时间数量。

4.4.14 当出入口控制系统的设备或线缆有暴露在建筑物室外的情况下，应设计防雷保护。

4.4.15 工作接地线应采用铜芯绝缘导线或电缆，接地电阻不大于4Ω。

4.4.16 安装电磁锁、电控锁、门磁前，应核对锁具、门磁的规格、型号、是否与其安装的位置、标高、门的种类和开关方向匹配。

4.4.17 电磁锁、电控锁、门磁等设备安装时，应预先在门框、门扇对应位置开孔。

1 电磁锁安装：首先将电磁锁的固定平板和衬板分别安装在门框和门扇上，然后将电磁锁推入固定平板的插槽内，即可用螺钉固定，按图连接导线。

2 读卡器、出门按钮等设备的安装位置和标高应符合设计要求。如无设计要求，读卡器和出门按钮的安装高度宜为1.4m，与门框水平距离宜为100mm。如图12-1。

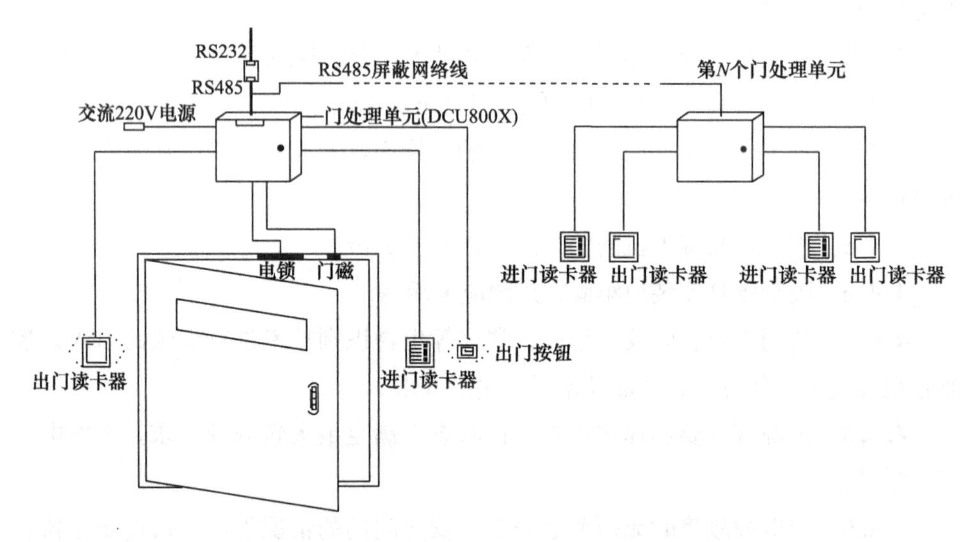

图12-1 读卡器、出门按钮等设备安装

3 使用专用机螺钉将读卡器固定在安装预埋盒上，固定应牢固可靠，面板端正，紧贴墙面，四周无缝隙。

4.5 细部处理

4.5.1 控制器部位

1 门禁控制器应安装牢固，不得倾斜，并应有明显标志。安装在轻质隔墙上，应采取加固措施。引入门禁控制器的电缆或电线，配线应整齐、避免交叉，并应固定牢固电缆芯线和所配导线的部均应标明编号，并与图纸不易褪色；端子板与每个接线端，接线不得超过二根；电缆芯和导线应留有不小于 20cm 余量；导线应绑扎成束；导线引入线穿线后，在进线管处应封堵。

2 门禁控制器的主电源引入线应直接与电源连接，严禁用电源插头，主电源应有明显标志；门禁控制器的接地牢固，并有明显标志。

4.5.2 机房部位

1 管理室内接地母线的路由、规格应符合设计要求。施工时应符合下列规定：接地母线的表面应完整，无明显损伤和残余焊剂渣，铜带母线光，滑无毛刺，绝缘层不得有老化龟裂现象；接地母线应铺放在地槽或电缆走道中央，并固定在架槽的外侧，母线应平整，不得有歪斜、弯曲。母线与机架或机顶的连接应牢固端；电缆走道上的铜带母线可采用螺丝固定，电缆走道上的铜绞线母线，应绑扎在横档上；系统的工程防雷接地安装，应严格按设计要求施工。接地安装，应配合土建施工同时进行。

4.6 系统调试

4.6.1 每一次有效的进入，系统应储存进入人员的相关信息，对非有效进入及胁迫进入应有异地报警功能。

4.6.2 检查系统的响应时间及事件记录功能，检查结果应符合设计要求。

4.6.3 系统与考勤、计费及目标引导（车库）等一卡通联合设置时，系统的安全管理应符合设计要求。

4.6.4 调试出入口控制系统与报警、电子巡查等系统间的联动或集成功能。调试出入口控制系统与火灾自动报警系统间的联动功能，联动和集成功能应符合设计要求。

4.6.5 检查系统与智能化集成系统的联网接口，接口应符合设计要求。

4.6.6 设备调试

1 系统安装完成后，先把一路门禁读卡器信号接入主机，然后单独检测该路门禁读卡器情况，有无漏报、误报情况发生。这一路检测没问题后在接入另一路，如此这样，把每一路都单独检测一遍，确认无误后再把所有线路接齐。

2 管理人员可以根据使用人员的权限分别授权，如部分人员可以在任意时间进出任意的地点，普通人员只能凭授权卡在授权时间内进出授权范围。当所有门禁点的正常开启和非法开启时，查看控制中心电脑是否有记录。

3 中心电脑因故障或其他原因不能和控制器连接，控制器是否可以独立记录所控制门点的相关信息，当中心电脑连接后，所有信息是否可以自动上传，是否可以保证信息记录的完整性。

4.6.7 功能检测

1 系统主机在离线情况下，门禁控制器独立工作的准确性、实时性和储存信息的功能。

2 系统主机与门禁控制器在线控制时，门禁控制器工作的准确性、实时性和储存信息的功能。

3 系统主机与门禁控制器在线控制时，系统主机和门禁控制器之间的信息传输及数据加密功能。

4 检测断电后，系统启用备用电源应急工作的准确性、实时性、信息的存储和恢复能力。

5 通过系统主机、门禁控制器及其他控制器终端，使用电子地图实时监控出入控制点的人员，并防止重复迂回出入的功能及控制开闭的功能。

6 系统对处理非法进入系统、非法操作、硬件失效等任何类型信息及时报警的能力。

7 门禁控制系统工作站应保存至少 1 个月（或按合同规定）的存储数据记录。

4.6.8 软件检测

1 演示软件的所有功能，以证明软件能与任务书要求一致。

2 根据需求说明书中规定的性能要求，包括精度、时间、适应性、稳定性、安全性以及图形化界面友好程度，对所验收的软件依次进行测试，或检查已有的测试结果。

3 在软件测试的基础上，对被验收的软件进行综合评审，给出综合评价，包括：软件设计与需求的一致性、程序和软件设计的一致性、文档描述与程序的一致性、完整性、准确性和标准化程度等。

5 质量标准

5.1 主控项目

5.1.1 门禁系统设备导线的压接必须牢固可靠，线号正确齐全，导线规格符合设计要求。

5.1.2 保护接地的接地电阻不应大于 1Ω。

5.1.3 系统功能和软件全部检测，功能符合设计要求为合格，合格率为100%时系统功能检测合格。

5.1.4 门禁系统与消防电动报警系统联动测试，必须 100%合格。

5.2 一般项目

5.2.1 终端设备安装应牢固可靠。

5.2.2 箱内线缆应排列整齐，分类绑扎成束，并留有适当余量。

5.2.3 箱、盒内应清洁无杂物，且设备表面无划痕及损伤。

6 成品保护

6.0.1 安装完毕的探测器应加强保护措施，防止碰伤及损坏。

6.0.2 为防止损坏设备和丢失零部件，应及时关好门窗，门上锁并派专人负责。

6.0.3 安装门禁控制主机等设备时，应注意保持吊顶、墙面整洁。

6.0.4 对安装完毕的设备应加强保护措施，防止设备损坏及污染。

6.0.5 做好安装工程的成品保护工作的同时，做好对土建、装修等其他工程的成品保护工作，严禁野蛮施工。

6.0.6 冬、雨期施工，做好设备、成品（半成品）及材料的防护工作（防冻、防潮、防淋、防晒）。

7 注意事项

7.1 应注意的质量问题

7.1.1 安装电锁前应核对锁具的规格、型号是否与其安装的位置、高度、门的种类和开关方向相适应，防止错装。

7.1.2 在门框、门扇上的开孔位置、开槽深度、大小应符合锁具的安装要求，防止返工和破坏成品。

7.1.3 电磁锁、电控锁等锁具及配件安装后进行调校，防止锁具卡塞、失灵。

7.1.4 设备之间、干线与端子处应压接牢固，防止导线松动或脱落。

7.1.5 使用屏蔽线时，外铜网应与芯线分开，以防信号短路。

7.1.6 应及时清理盒、箱内杂物，以防盒、箱内管路堵塞。

7.1.7 导线在箱、盒内应预留适当余量，并绑扎成束，防止箱内导线杂乱。

7.1.8 压接导线时，应认真摇测各回路的绝缘电阻，如造成调试困难时，应拆开压接导线重新进行复核，直到准确无误为止。

7.2 应注意的安全问题

7.2.1 交叉作业时应注意周围环境，禁止乱抛工具和材料。

7.2.2 在高空安装报警探测器时，必须搭设脚手架。不得坐在管子上开孔和据管。禁止在已通介质和带压力的管道上开孔。

7.2.3 登高作业时，脚手架和梯子应安全可靠，脚手架不得铺有探头版，梯子应有防滑措施，不允许两人同梯作业。

7.2.4 设备通电调试前，必须检查线路接线是否正确，确认无误后，方可通电调试。

7.3 应注意的绿色施工问题

7.3.1 施工中产生的废料及拆除的废旧管材应及时回收，不得按一般垃圾处理。

7.3.2 施工现场提倡文明施工，建立健全控制人为噪声的管理制度。尽量减少人为的大声喧哗，增强全体施工人员防噪声干扰的自觉意识。

7.3.3 凡在进行强噪声作业的，严格控制作业时间，尽量安排晚间作业，特殊情况需连续作业（或夜间作业）的，应尽量采取降噪措施，事先做好周围防护的工作，并报建设单位备案后方可施工。

8 质量记录

8.0.1 材料、设备出厂合格证、生产许可证、安装技术文件和“CCC”认证及证书复印件。

8.0.2 材料、设备进场验收记录。

8.0.3 设备开箱检验记录。

8.0.4 设计变更、工程洽商记录。

8.0.5 隐蔽工程验收记录和中间试验记录。

8.0.6 预检记录。

8.0.7 电线、电缆导管和线槽敷设分项工程质量验收记录。

8.0.8 分项工程检验批质量验收记录。

8.0.9 工程质量事故处理记录。

8.0.10 竣工图、编码和端口记录表。

8.0.11 系统“使用手册”编制齐全完整，满足使用和维护功能。

第13章　停车场管理系统

本工艺标准适用于建筑工程中停车场管理系统的安装。

1　引用标准

《智能建筑工程施工规范》GB 50606—2010

《智能建筑工程质量验收规范》GB 50339—2013

《建筑工程施工质量验收统一标准》GB 50300—2013

《安全防范工程技术规范》GB 50348—2004

2　术语（略）

3　施工准备

3.1　作业条件

3.1.1　施工方案已编制、审批完成。已进行施工图纸技术交底，施工要求明确。

3.1.2　收费亭装修已完毕，门、窗、门锁安装齐全。

3.1.3　系统管、盒、箱施工已完成。

3.2　材料及机具

3.2.1　前端部分：管理电脑、打印机、不间断电源等。

3.2.2　传输部分：分线箱、电线、电缆等。

3.2.3　终端部分：读卡器、出入口控制器、满位指示设备、自动道闸、感应线圈等。

3.2.4　材料、设备应附有产品合格证、质检报告，设备应有产品合格证、质检报告、说明书等；进口产品应提供原产地证明和商检证明、质量合格证明、检测报告及安装、使用、维护说明书的中文文本。

3.2.5　检查线缆、设备的品牌、产地、型号、规格、数量及外观，主要技术参数及性能等均应符合设计要求，外表无损伤，填写进场检验记录，并封存相关线缆、器件样品。

3.2.6　设备规格、型号、数量应符合设计要求，产品应有合格证及国家强制产品认证"CCC"标识。有源部件均应通电检查，并应确认其实际功能和技术指标与标称相符；硬件设备及材料应重点检查安全性、可靠性及电磁兼容性等项目。

3.2.7　安装工具齐备、完好，电动工具应进行绝缘检查，施工过程中所使用的测量仪器和测量工具应根据国家相关法规进行标定，施工人员应持证上岗。

3.2.8　镀锌材料：镀锌钢管、镀锌线槽、金属膨胀螺栓、金属软管、接地螺栓。

3.2.9　其他材料：塑料胀管、接线端子、钻头、焊锡、焊剂、绝缘胶布、塑料胶布、接头等。

3.2.10　主要安装机具、测试机具：手电钻、冲击钻、电工组合工具、梯子、250V 兆欧表、500V 兆欧表、对讲机、水平尺、小线。

4　操作工艺

4.1　工艺流程

管线敷设 → 出入口设备安装 → 终端设备安装 → 细部处理 → 系统调试

4.2　管线敷设

4.2.1　管线敷设参见本书"电线保护管敷设施工工艺"的相关内容。

4.3　出入口设备安装

4.3.1　感应线圈的安装

1　感应线圈埋设位置与埋设深度应符合设计或产品使用要求。

2　感应线圈埋设位置应居中，与读卡器、闸门机的中心间距宜为 0.9～1.2m。

3　车辆检测地感线圈宜为防水密封感应线圈，其他线路不得与地感线圈相交，并应与其保持不少于 0.5m 的距离。

4　感应线圈至机箱处的线缆应采用金属管保护，并固定牢固。线圈安装示意图 13-1。

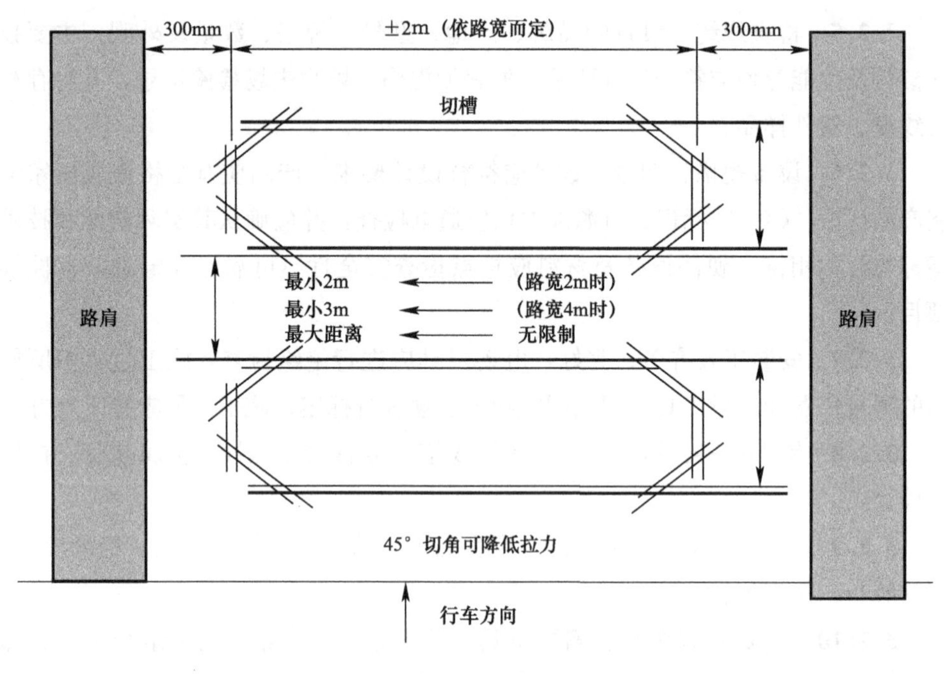

图 13-1　线圈安装示意图

4.3.2　挡车器应安装牢固、平整；安装在室外时，应采取防水、防撞、防砸措施。

4.3.3　车位状况信号指示器应安装在车道出入口的明显位置，安装高度应为 2.0～2.4m，室外安装时应采取防水、防撞措施。

4.3.4　读卡机（IC 卡机、磁卡机、出票读卡机、验卡票机）与挡车器安装应平整、牢固，保持与水平面垂直、不得倾斜；宜安装在室内，当安装在室外时，应考虑防水及防撞措施；读卡机与挡车器安装的中心间距应符合设计或产品使用要求。安装时根据设备的安装尺寸制作混凝土基础，并埋入地脚螺栓，然后将设备固定在地脚螺栓上，固定应牢固、平直。如图 13-2。

4.3.5　控制台、机柜（架）安装位置应符合设计要求，安装平稳牢固、便于操作维护。机柜（架）背、侧面离墙净距离不小于 0.8m。

4.3.6　所有控制、显示和记录等终端设备的安装应平稳，便于操作。其中监视器（屏幕）应避免外来光直射，当不可避免时，应采取避光措施。在控制台、机柜（架）内安装的设备应有通风散热措施，内部接插件与设备连接应牢靠。

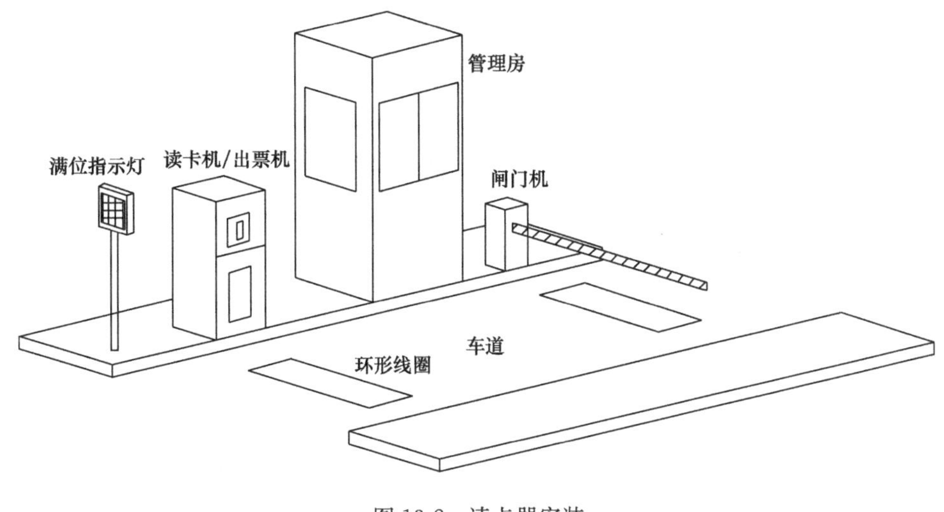

图13-2 读卡器安装

4.3.7 出入口摄像机立柱安装高度为1.6～2.0m，立柱安装车牌识别专用摄像机，摄像机镜头指向车道前方约4.0～5.5m的地面处对准车牌。信息显示屏距地高度约0.8m，位于摄像机前1m，屏幕正对车辆进出方向，道闸位于最后端高度约1.0～1.2m，地感线圈位于正下方。前端显示屏箱体及摄像机管线安装预留在设备上端或易于后期接线和维护的地方。

4.3.8 补光灯安装高度为距离地面0.5～0.6m，调节补光灯角度，使灯光照射区域在地面与车牌之间为宜，避免灯光直射车牌，无法识别。

4.4 终端设备安装

4.4.1 在安装前对设备进行检查，设备外形尺寸、设备内主板及接线端口的型号、规格符合设计要求，备品配件齐全。

4.4.2 按施工图纸压接主机、不间断电源、打印机、出入口读卡器设备间的线缆，线缆压接准确、可靠。

4.5 细部处理

4.5.1 地感线圈部位

1 在清洁的线圈及引线槽底部铺一层0.5cm厚的细沙，防止天长日久槽底坚硬的棱角割伤电线。

2 在线圈槽中按顺时针方向放入4～6匝（圈）电线，线圈面积越大，匝（圈）数越少。放入槽中的电线应松弛，不能有应力，而且要一匝一匝地压紧至槽底。

3　线圈的引出线按顺时针方向双绞放入引线槽中，在安全岛端出线时留1.5m长的线头。

4　线圈及引线在槽中压实后，最好上铺一层0.5cm厚的细沙，可防止线圈外皮被高温熔化。

4.5.2　前端设备安装

1　按照图纸确认设备位置无误后，用铅笔将设备底座安装孔描画在安装平面上，并标记中心点，然后将设备移开，用ϕ20转头的电锤垂直向下打安装孔，孔深为10cm，转出的土石要及时清理干净，且打好的孔中应没有杂物，将国标规格的ϕ16膨胀螺丝压入每个安装孔中，并用螺母固定，要求固定好的膨胀螺丝不能随螺母一起转动，且露出的螺杆部分应小于4cm。旋掉膨胀螺丝上的螺母并保存好，将设备放入安装位置，要求螺杆均插入底座固定孔。在每个螺杆上放下一个外径大于20的平垫片及一个弹簧垫片，用螺母锁紧。

4.6　系统调试

4.6.1　感应线圈的位置和响应速度检测。

4.6.2　系统对车辆进出的信号指示、计费、保安等功能检测。

4.6.3　出、入口车道上各设备应工作正常；IC卡的读/写、显示、自动闸门机起落控制、出入口图像信息采集以及与收费主机的实时通信功能检测。

4.6.4　收费管理系统的参数设置、IC卡发售、挂失处理及数据收集、统计、汇总、报表打印等功能检测。

4.6.5　车辆探测器对出入车辆的探测灵敏度检测和抗干扰性能检测。

4.6.6　自动栅栏升降功能检测，防砸车功能检测。

4.6.7　读卡器功能检测，对无效卡的识别功能；对非接触式IC卡读卡器还应检测读卡器距离和灵敏度。

4.6.8　发卡器功能检测，吐卡功能是否正常，入场日期、时间等记录是否正确。

4.6.9　满位显示功能是否正常。

4.6.10　出/入口管理工作站与管理中心站通信是否正常。

4.6.11　对具有图像对比功能的停车场管理系统，应分别检测出/入口车牌和车辆图像记录的清晰度、调用图像信息的符合情况。

4.6.12　车牌识别摄像机焦距及角度的调节是否满足功能需求。

4.6.13　补光灯的照射范围及强度是否满足设计要求。

4.6.14　车牌识别摄像机网络参数设置是否正确，是否与管理设备在同一网段内，其图像识别功能错误能否在系统设置内自动矫正。

4.6.15　检测停车场管理系统与消防系统报警联动功能，电视监视系统摄像机对出/入车库的车辆的监视等。

4.6.16　管理中心监控站的车辆出/入数据记录保存时间应满足管理要求。

5　质量标准

5.1　主控项目

5.1.1　设备导线的压接必须牢固可靠，线号正确齐全，导线规格符合设计要求。

5.1.2　保护接地的接地电阻不应大于 1Ω。

5.1.3　系统功能和软件全部检测，功能符合设计要求为合格，合格率为100％时系统功能检测合格。

5.2　一般项目

5.2.1　终端设备安装应牢固可靠。

5.2.2　箱内线缆应排列整齐，分类绑扎成束，并留有适当余量。

5.2.3　箱、盒内应清洁无杂物，且设备表面无划痕及损伤。

6　成品保护

6.0.1　感应线圈固定后，浇筑混凝土时应有人看守，防止感应线圈移位或损坏。

6.0.2　室外安装的出/入口设备应采取防雨措施。

6.0.3　对安装完毕的设备应加强保护措施，防止设备损坏及污染。

6.0.4　做好安装工程的成品保护工作的同时，做好对土建、装修等其他工程的成品保护工作，严禁野蛮施工。

6.0.5　冬、雨期施工，做好设备、成品（半成品）及材料的防护工作（防冻、防潮、防淋、防晒）。

7 注意事项

7.1 应注意的质量问题

7.1.1 设备之间、干线与端子处应压接牢固，防止导线松动或脱落。

7.1.2 使用屏蔽线时，外铜网应与芯线分开，以防信号短路。

7.1.3 应及时清理盒、箱内杂物，以防盒、箱内管路堵塞。

7.1.4 导线在箱、盒内应预留适当余量，并绑扎成束，防止箱内导线杂乱。

7.1.5 压接导线时，应认真摇测各回路的绝缘电阻，如造成调试困难时，应拆开压接导线重新进行复核，直到准确无误为止。

7.2 应注意的安全问题

7.2.1 交叉作业时应注意周围环境，禁止乱抛工具和材料。

7.2.2 在高空安装报警探测器时，必须搭设脚手架。不得坐在管子上开孔和据管。禁止在已通介质和带压力的管道上开孔。

7.2.3 登高作业时，脚手架和梯子应安全可靠，脚手架不得铺有探头版，梯子应有防滑措施，不允许两人同梯作业。

7.2.4 设备通电调试前，必须检查线路接线是否正确，确认无误后，方可通电调试。

7.3 应注意的绿色施工问题

7.3.1 施工中产生的废料及拆除的废旧管材应及时回收，不得按一般垃圾处理。

7.3.2 施工现场提倡文明施工，建立健全控制人为噪声的管理制度。尽量减少人为的大声喧哗，增强全体施工人员防噪声干扰的自觉意识。

7.3.3 凡在进行强噪声作业的，严格控制作业时间，尽量安排晚间作业，特殊情况需连续作业（或夜间作业）的，应尽量采取降噪措施，事先做好周围防护的工作，并报建设单位备案后方可施工。

8 质量记录

8.0.1 材料、设备出厂合格证、生产许可证、安装技术文件和“CCC”认证及证书复印件。

8.0.2 材料、设备进场验收记录。

8.0.3　设备开箱检验记录。

8.0.4　设计变更、工程洽商记录。

8.0.5　隐蔽工程验收记录和中间试验记录。

8.0.6　预检记录。

8.0.7　电线、电缆导管和线槽敷设分项工程质量验收记录。

8.0.8　分项工程检验批质量验收记录。

8.0.9　工程质量事故处理记录。

8.0.10　系统“使用手册”编制齐全完整，满足使用维护要求。

第 14 章　楼宇/医护对讲系统

本工艺标准适用于建筑工程中楼宇/医护对讲系统的安装。

1　引用标准

《智能建筑工程施工规范》　GB 50606—2010
《智能建筑工程质量验收规范》　GB 50339—2013
《建筑工程施工质量验收统一标准》　GB 50300—2013
《安全防范工程技术规范》　GB 50348—2004
《楼寓对讲电控安全门通用技术条件》　GA/T 72—2013

2　术语（略）

3　施工准备

3.1　作业条件

3.1.1　施工方案已编制、审批完成。已进行施工图纸技术交底，施工要求明确。

3.1.2　土建工程内装修已完毕，门、窗、门锁安装齐全。

3.1.3　线缆沟、槽、管、盒、箱施工已完成。

3.2　材料及机具

3.2.1　前端部分：对讲主机、计算机（内置管理软件）、打印机、不间断电源等。

3.2.2　传输部分：设备箱、解码器、楼层分配器、中继器、电线电缆等。

3.2.3　终端部分：户内分机、门铃、门口主机等。

3.2.4　材料、设备应附有产品合格证、质检报告，设备应有产品合格证、质检报告、说明书等；进口产品应提供原产地证明和商检证明、质量合格证明、检测报告及安装、使用、维护说明书的中文文本。

3.2.5 检查线缆、设备的品牌、产地、型号、规格、数量及外观，主要技术参数及性能等均应符合设计要求，外表无损伤，填写进场检验记录，并封存相关线缆、器件样品。

3.2.6 设备规格、型号、数量应符合设计要求，产品应有合格证及国家强制产品认证“CCC”标识。有源部件均应通电检查，并应确认其实际功能和技术指标与标称相符；硬件设备及材料应重点检查安全性、可靠性及电磁兼容性等项目。

3.2.7 安装工具齐备、完好，电动工具应进行绝缘检查，施工过程中所使用的测量仪器和测量工具应根据国家相关法规进行标定，施工人员应持证上岗。

3.2.8 镀锌材料：镀锌钢管、镀锌线槽、金属膨胀螺栓、金属软管、接地螺栓。

3.2.9 其他材料：塑料胀管、接线端子、钻头、焊锡、焊剂、绝缘胶布、塑料胶布、接头等。

3.2.10 主要安装机具、测试机具：手电钻、冲击钻、电工组合工具、梯子、250V 兆欧表、500V 兆欧表、对讲机、水平尺、小线。

4　操作工艺

4.1　工艺流程

管线敷设 → 设备箱安装 → 终端设备安装 → 细部处理 → 系统调试

4.2　管线敷设

4.2.1 管线敷设除应执行本书“电线保护管敷设施工工艺”的规定外，尚应符合下列要求：

1 信号线不能与大功率电力线平行，更不能穿在同一管内。如因环境所限，要平行走线，则要远离 50cm 以上。

2 弱电控制箱的交流电源应单独走线，不能与信号线和低压直流电源线穿在同一管内，交流电源线的安装应符合电气安装标准。

3 使用导线，其额定电压应大于线路的工作电压；导线的绝缘应符合线路的安装方式和敷设的环境条件。导线的横截面积应能满足供电和机械强度的要求。

4 配线时应尽量避免导线有接头。除非用接头不可的，其接头必须采用压线或焊接，导线连接和分支处不应受机械力的作用。空在管内的导线，在任何情况下都不能有接头，必要时尽可能将接头放在接线盒探头接线柱上。

4.3 设备箱安装

4.3.1 设备箱安装高度以设计要求为准，在设计无要求时，宜安装于较隐蔽或安全的地方，底边距地面不低于1.4m。

4.3.2 暗装设备箱时，面板应与建筑装饰面配合严密。严禁采用电焊或气焊将箱体与预埋管口焊接。

4.3.3 明装设备时，先将引线与箱内导线用端子做过渡压接，然后将端子放回接线箱。找准标高进行钻孔，埋入胀管螺栓进行固定。要求箱底与墙面平齐。

4.3.4 线管不便于直接敷设到位时，线管出线口与设备接线端子之间必须采用金属软管连接，不得将线缆直接裸露，金属软管长度不大于1m。

4.3.5 设备箱的交流电源应单独敷设，严禁与信号信号线或低压直流电源线穿在同一管内。

4.4 终端设备安装

4.4.1 设备的安装位置应避免强电磁辐射辐射源、潮湿、有腐蚀性等恶劣环境。

4.4.2 控制器宜安装在弱电间等便于维护的地点。

4.4.3 门口主机一般采用嵌入安装，安装高度应保证摄像头的有效视角范围。

4.4.4 （可视）对讲主机（门口机）可安装在单元防护门上或墙体主机预埋盒内，（可视）对讲主机操作面板的安装高度离地不宜高于1.5，操作面板应面向访客，便于操作。

4.4.5 调整可视对讲主机内置摄像机的方位和视角于最佳位置，对不具备逆光补偿的摄像机，宜做环境亮度处理。

4.4.6 （可视）对讲分机（用户机）安装位置宜选择在住户室内的内墙上，安装应牢固，其高度离地1.4～1.6m。

4.4.7 联网型（可视）对讲系统的管理机宜安装在监控中心内，或小区出入口的值班室内，安装应牢固、稳定。

4.5 细部处理

4.5.1 前端部位

1 在单元楼调试时，先把门口主机和最低层保护器/解码器及室内机的所有接线连接好，同时将分机的房号按照使用说明编号；上电调试这层系统的工作情况，确认门口主机及底层线路和设备是否属于正常。

2 在单元楼的调试过程中，必须从底层开始一层一层地往上调试，即把第一层调试完后，再进行第二层的调试，依此一直往上调试，直到整单元调试完毕且能正常工作。

4.5.2 机房部位

1 管理室内接地母线的路由、规格应符合设计要求。施工时应符合下列规定：接地母线的表面应完整，无明显损伤和残余焊剂渣，铜带母线光，滑无毛刺，绝缘层不得有老化龟裂现象；接地母线应铺放在地槽或电缆走道中央，并固定在架槽的外侧，母线应平整，不得有歪斜、弯曲。母线与机架或机顶的连接应牢固端；电缆走道上的铜带母线可采用螺丝固定，电缆走道上的铜绞线母线，应绑扎在横档上；系统的工程防雷接地安装，应严格按设计要求施工。接地安装，应配合土建施工同时进行。

4.6 系统调试

4.6.1 接线前，将已敷设的线缆再次进行对地与线间绝缘摇测，合格后按照设备接线图进行设备端接。

4.6.2 对讲主机采用专用接头与线缆进行连接，且压接牢固。设备及电缆屏蔽层应接好保护地线，接地电阻值不应大于1Ω。

4.6.3 分别对户内分机进行地址编码，并存储于管理主机内，同时进行记录。

4.6.4 安装完毕，对所有设备进行通电调试，检测各户内分机与管理主机、与楼门口主机，管理主机与楼门口主机间的通话和图像效果，并检测开锁与分机报警功能；检查户内分机的编号是否正确。

4.6.5 对讲时声音清楚、声级应不低于80dB。

5 质量标准

5.1 主控项目

5.1.1 检查主机（管理主机、楼门主机）与户内分机的通信准确。

5.1.2 检查楼门主机与户内分机及电锁强行进入的报警功能，报警应准确、及时。

5.1.3 检查主机与户内分机的开锁功能，开锁动作应准确、可靠。

5.1.4 检查失电后系统启动备用电源应急工作的准确性、实时性和信息的存储、恢复能力。

5.1.5 软件检测：根据说明书中规定的性能要求，包括时间、适应性、稳定性以及图形化界面友好程度，对软件逐项进行系统功能测试。

5.1.6 保护接地的接地电阻值不应大于1Ω。

5.1.7 导线的压接必须牢固可靠，线号正确齐全，导线规格符合设计要求。

5.2 一般项目

5.2.1 终端设备安装应牢固可靠。

5.2.2 箱内线缆应排列整齐，分类绑扎成束，并留有适当余量。

5.2.3 箱、盒内应清洁无杂物，且设备表面无划痕及损伤。

6 成品保护

6.0.1 安装完毕的室外机和室内机应加强保护措施，防止碰伤及损坏。

6.0.2 为防止损坏设备和丢失零部件，应及时关好门窗，门上锁并派专人负责。

6.0.3 安装门室内机等设备时，应注意保持墙面整洁。

6.0.4 对安装完毕的设备应加强保护措施，防止设备损坏及污染。

6.0.5 做好安装工程的成品保护工作的同时，做好对土建、装修等其他工程的成品保护工作，严禁野蛮施工。

6.0.6 冬、雨期施工，做好设备、成品（半成品）及材料的防护工作（防冻、防潮、防淋、防晒）。

7 注意事项

7.1 应注意的质量问题

7.1.1 设备之间、干线与端子处应压接牢固，防止导线松动或脱落。

7.1.2 分机，主机，电源要牢固，不得有弯曲变形，与地面不垂直。

7.1.3 使用屏蔽线时，外铜网应与芯线分开，以防信号短路。

7.1.4 应及时清理盒、箱内杂物，以防盒、箱内管路堵塞。

7.1.5 导线在箱、盒内应预留适当余量，并绑扎成束，防止箱内导线杂乱。

7.1.6 压接导线时，应认真摇测各回路的绝缘电阻，如造成调试困难时，应拆开压接导线重新进行复核，直到准确无误为止。

7.2　应注意的安全问题

7.2.1　交叉作业时应注意周围环境，禁止乱抛工具和材料。

7.2.2　在高空安装报警探测器时，必须搭设脚手架。不得坐在管子上开孔和据管。禁止在已通介质和带压力的管道上开孔。

7.2.3　登高作业时，脚手架和梯子应安全可靠，脚手架不得铺有探头版，梯子应有防滑措施，不允许两人同梯作业。

7.2.4　设备通电调试前，必须检查线路接线是否正确，确认无误后，方可通电调试。

7.3　应注意的绿色施工问题

7.3.1　施工中产生的废料及拆除的废旧管材应及时回收，不得按一般垃圾处理。

7.3.2　施工现场提倡文明施工，建立健全控制人为噪声的管理制度。尽量减少人为的大声喧哗，增强全体施工人员防噪声干扰的自觉意识。

7.3.3　凡在进行强噪声作业的，严格控制作业时间，尽量安排晚间作业，特殊情况需连续作业（或夜间作业）的，应尽量采取降噪措施，事先做好周围防护的工作，并报建设单位备案后方可施工。

8　质量记录

8.0.1　材料、设备出厂合格证、生产许可证、安装技术文件和“CCC”认证及证书复印件。

8.0.2　材料、设备进场验收记录。

8.0.3　设备开箱检验记录。

8.0.4　设计变更、工程洽商记录。

8.0.5　隐蔽工程验收记录和中间试验记录。

8.0.6　预检记录。

8.0.7　电线、电缆导管和线槽敷设分项工程质量验收记录。

8.0.8　分项工程检验批质量验收记录。

8.0.9　工程质量事故处理记录。

8.0.10　系统“使用手册”编制齐全完整，满足使用维护要求。

